AF356218

LE MOIS

AOÛT 1913

Nº 104. — Vol. 9.

CHIMIQUE ET

ELECTRO-CHIMIQUE

**

Août 1913

LE MOIS

CHIMIQUE ET

ELECTRO-CHIMIQUE

9e ANNÉE — No 104

ÉLECTRO-CHIMIE (*)

E. Müller.

545.3 : 546 (55 : 74).

C. 239-J. 79 a. — La pratique de l'électrochimie. — a) Séparation du nickel et du cuivre.

1913. Dresde et Leipzig. Th. Steinkopff : Elektrochemisches Praktikum, pages 107 à 111 (1.500 mots environ) (3 figures) (11 fr. 50).

Ce livre fort bien conçu et dont les « résumés pratiques » que nous publions permettent d'apprécier la valeur, donnent en quelques chapitres : I. La description des appareils et de l'installation nécessaires pour un laboratoire d'électricité; II. A) quelques lois fondamentales; B) Électrolyse; électroanalyse; C), D) Préparation de quelques corps inorganiques et organiques; (Électrolyse des liquides fondus; Procédés électrothermiques.

Séparation du nickel et du cuivre. — Quand l'électrolyte contient des quantités notables de cuivre, on peut réduire le temps que demande la séparation de ce dernier en remuant énergiquement l'électrolyte et en employant des densités de courant élevées; mais, à mesure que la concentration du cuivre diminue, il faut également diminuer l'intensité du courant. A cet effet, on contrôle le potentiel de la cathode servant au dépôt du cuivre; en réglant l'intensité du courant, on amène ce

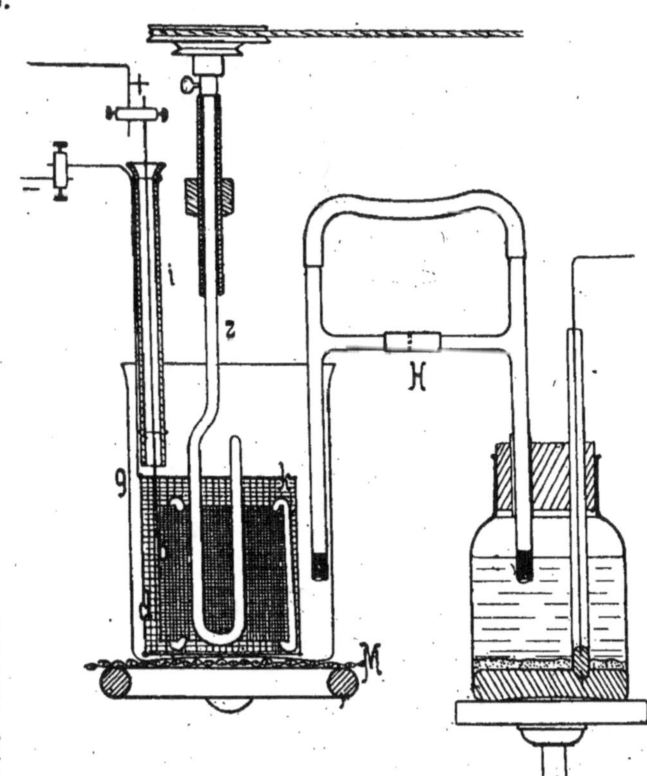

(6593)   Fig. 1. — Dispositif à siphon, pour l'électrolyse.

potentiel à une valeur telle qu'il dépasse le potentiel nécessaire pour le dépôt du cuivre, mais reste inférieur à celui qui est nécessaire pour le dépôt du nickel. Les limites à observer ont été établies par des expériences spéciales. Pour contrôler le potentiel de la cathode traversée par le courant, on se sert du procédé par compensation, en employant comme instrument du zéro l'électromètre capillaire. On mesure ce potentiel en le comparant à une électrode-étalon du système $Hg/Hg^2 S O^4 2n H^2 S O^4$ (l'électrolyte étant acide); la chute de tension de cette électrode est de $+ o$ v. 67. Un siphon fait communiquer cet élément avec l'électrolyte à analyser; le siphon débouche, dans le récipient à électrolyse, en dehors du cylindre extérieur en toile métallique, et à la moitié de la hauteur de ce cylindre (fig. 1). La force électro-motrice de cette chaîne permet de trouver le potentiel entre la cathode et l'électrolyte immédiatement voisin; en effet, les électrodes étant disposées concentriquement, il ne se produit pas, sur la face opposée de la cathode, de lignes de courant susceptibles de provoquer dans l'électrolyte, entre la cathode et l'embouchure du siphon, une chute de tension notable.

Pour réaliser cette opération, il est nécessaire de disposer d'une résistance externe permettant de régler très rapidement l'intensité du courant, entre des limites assez étendues. On y arrive au moyen de la résistance liquide (fig. 2); cet appareil est formé par un bac d'accumulateur, en verre, g, de 24 cm. de haut sur 17 de long et 7,7 de large, rempli d'une solution de soude à 1/2 %; les deux électrodes en nickel a et b ont la forme que montre la figure 2; elles sont toutes deux vissées à la même planchette h; les fils conducteurs sont fixés à des bornes. Au milieu de la planchette est fixé un crochet k auquel est attaché un cordeau passant sur deux poulies r_1 et r_2 et venant se fixer à la poulie f munie d'une manivelle m et pouvant être fixée à l'aide de la vis de serrage s; ce système permet de soulever et d'abaisser les électrodes à volonté.

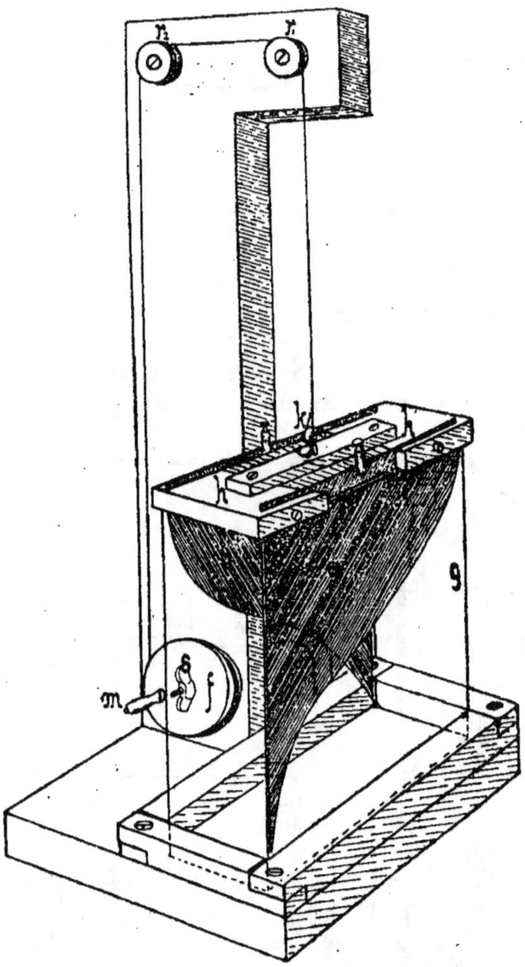

L'appareil à électrolyse se compose (fig. 1) d'un vase de Bohême g, posé sur une toile métallique M maintenue par l'anneau r; sous celui-ci se trouve un brûleur. Les électrodes d et b consistent en deux cylindres concentriques en toile de platine, selon Winkler; le cylindre intérieur est maintenu isolé de l'extérieur par trois crochets en verre K; l'appareil porte, en son milieu, un agitateur z; i représente un tube de verre isolant l'une de l'autre les tiges des électrodes et fixé par deux bagues en caoutchouc à la tige de l'électrode b.

La figure 3 représente schématiquement l'installation d'ensemble.

On dissout 2 gr. 5 d'alliage Cu-Ni dans de l'acide nitrique et on évapore à consistance sirupeuse; le résidu est repris par une petite quantité d'acide sulfurique concentré et on chauffe prudemment à flamme nue pour chasser l'acide nitrique. Le résidu est redissout dans un peu d'eau chaude, on complète à 1 l. et on prélève 100 cm³ de solution, en les acidifiant par 1 cm³ d'acide sulfurique concentré. On place les électrodes et l'agitateur dans l'électrolyte et on allume le brûleur sous le récipient à électrolyse, puis on envoie le courant d'électrolyse, venant de B (fig. 3), dans le galvanomètre A et dans la résistance liquide W, dont les électrodes sont tout d'abord soulevés; d'autre part, on établit le circuit étalon au moyen de l'accumulateur S, du rhéostat D, de l'électromètre capillaire C, du manipulateur V et de l'électrode-étalon N E. On commence l'électrolyse par un potentiel à la cathode de o v. 70 plus négatif qu'à l'électrode-étalon. On intercale en D (fig. 3), entre a et b, une résistance de 350 ohms, nécessaire à compenser la différence de tension, quand la tension, aux bornes terminales ii de D, est de 2 volts environ; l'électrolyte ayant atteint la température de 80° C., on abaisse le siphon de l'électrode-étalon à proximité de l'électrode sur laquelle doit se faire le dépôt, et pesée au préalable; en même temps, on fait marcher l'agitateur à une vitesse de 100 tours à la minute; en enfonçant ensuite complètement les électrodes de la

6594)

Fig. 2.

Résistance liquide réglable.

résistance liquide, on établit le courant d'électrolyse; pour régler celui-ci, on manœuvre d'une main la manivelle m de la résistance W, en manœuvrant de l'autre le manipulateur V de l'électromètre en observant le tube capillaire au moyen de la lunette.

On règle la résistance liquide de manière que l'électromètre ne montre pas d'excédent, ou un excédent très faible; à cet effet, on commence par abaisser les électrodes rapidement, puis plus lentement. L'ampèremètre A, disposé de façon à ce que l'on puisse lire ses indications de l'endroit où se trouve l'électromètre, indique tout d'abord une intensité de courant de 6 à 7 amp., qui s'abaisse aú bout de cinq minutes à o amp. 5. On intercale alors, entre a et b, une résistance de 360 ohms, et après une minute et demie, de 370 ohms. Le dépôt du cuivre continuant, l'intensité du courant tombe bientôt à 0,3-0,25 amp.; elle se maintient à cette valeur pendant deux minutes environ. La séparation du cuivre est complète au bout de dix minutes; on retire alors le siphon H de la solution, on arrête l'agitateur, on essuie, lave et sèche l'électrode, etc. Comme il ne s'est pas produit de dégagement notable d'hydrogène, le dépôt de cuivre est parfaitement dense et rose clair.

E. V. 6293.   I. 2.

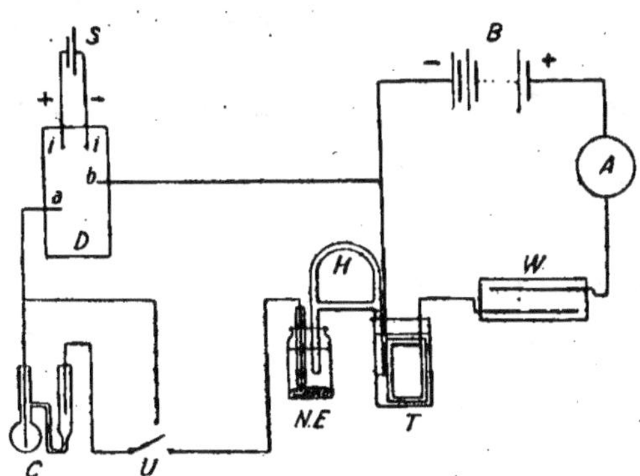

Fig. 3.   (6595
Schéma de l'installation d'ensemble.

S, accumulateur; D, rhéostat d'Ostwald; C, électromètre capillaire ; V, manipulateur de l'électromètre; NE, électrode normale, $Hg/Hg^2 SO^4$ 2 n $H^2 SO^4$; T, récipient à électrolyse; H, siphon électrolytique; S, source du courant d'électrolyse; A, ampèremètre; W, résistance réglable.

Gutbier.   **661.65**

C. 240-56031 B. — Préparation électrochimique du bore (procédé de l'A. E. G.) et du noir de fumée (Thième).

1913. Leipzig. La Chimie inorganique et l'Électrochimie en 1912. Zeitschrift für angewandte Chemie, n° 17, 28 février, pages 105 à 131 (24.000 mots environ) (2 fr. 50).

Bore. — *L'Allgemeine Elektrizitäts Gesellschaft* prépare du *bore* en réduisant du chlorure de bore grâce à la température de l'arc électrique; le produit de la réaction est immédiatement éliminé de la zone active sous l'action de l'arc lui-même. La réaction a lieu comme suit :

$$2\,B\,Cl^3 + 3\,H^2 = 2\,B + 6\,HCl.$$

Le vent produit par l'arc projette les particules de bore de la zone chaude contre les parois du récipient où a lieu la réaction et contre les électrodes, tandis que l'acide chlorhydrique, l'hydrogène non utilisé et le chlorure de bore restant sont entraînés par le haut. Le bore adhérent aux électrodes fond sous l'action de la chaleur de l'arc, de sorte qu'une partie de cet élément est obtenue sous forme de produit fondu homogène.

Carbone. — Thième a imaginé de fabriquer industriellement du noir de fumée en introduisant dans une flamme riche en carbone une électrode portant une charge d'électricité négative. On fait passer par les flammes d'une rampe à gaz un fil métallique relié au pôle positif, tandis que ces flammes environnent une toile métallique suspendue librement et chargée d'électricité négative.

Après un certain temps, le dépôt de carbone entre en contact avec le fil, situé inférieurement, ce qui produit un court-circuit qui fait fonctionner un relais qui exerce sur la toile métallique une traction énergique qui détache et fait tomber le noir de fumée, ce qui rétablit la situation du début. Le noir de fumée ainsi produit possède une texture très fine.   E. V. 6293.   I. 2.

RÉFÉRENCES

Bell et Feild.   **621.371**

C. 241-61483. — Force électro-motrice des éléments à nitrate d'argent concentrés.

1913. Easton. Journal of the American Chemical Society, n° 6, juin, pages 715 à 718 (1.900 mots environ) (1 tableau) (4 fr.).   I. 2.

621.371

C. 242-60546. — Estimation du cyanure libre dans les solutions d'électrolyse.

1913. Bridgeport. The Brass World, n° 5, juin, pages 161 à 164 (3.100 mots environ) (3 figures) 2(fr.).   I. 2.

Harden.   **621.365.036.6**

C. 243-59718. — Essais des électrodes en charbon, pour électrolyse.

1913. New-York, Metallurgical and Chemical Engineering, n° 5, mai, pages 242 à 244 (3.800 mots environ) (3 fr. 50).   I. 2.

PRODUITS CHIMIQUES

661.842.1

C. 244-58777. — Procédé pour la fabrication de l'oxyde de baryum avec du carbonate de baryum.

1913. *Paris. La Revue des Produits chimiques, n° 12, 20 avril, page 180 (1.400 mots environ (2 fr.).*

On fabrique généralement le peroxyde de baryum en faisant passer un courant d'oxygène exempt de CO_2 sur de la baryte (BaO) chauffée entre 400 et 500°. La baryte obtenue par calcination du nitrate convient parfaitement à la préparation d'un peroxyde très riche (90 % environ), tandis que l'oxyde obtenu à partir du carbonate est beaucoup plus inactif. La « Chemische Fabrik Grünau Landshoff und Meyer Aktiengesellschaft » et M. Walter Kirchner décrivent une série d'essais faits en vue de résoudre cette question.

Premier essai. — On a chauffé à 1.000/1.150° C. du carbonate de baryte mélangé à 6 % de noir de fumée, dans des creusets de terre ou de graphite; on a obtenu une masse verdâtre, réagissant avec peu d'énergie sur l'eau. Le carbonate fondant à 1.350° C. et l'oxyde à 2.000° C., il y avait lieu d'être surpris d'obtenir une masse fondue, étant données les conditions du chauffage; on l'attribua successivement à un chauffage inégal, à l'acidité des matières constituant le creuset, à la formation d'hydrates facilement fusibles.

Dans le deuxième essai, le même mélange est chauffé en vase clos dans un creuset de quartz et maintenu trois heures à 1.150° C. On a obtenu ainsi un oxyde friable et très poreux ne contenant que des traces d'acide carbonique, réagissant violemment sur l'eau et donnant par oxydation un peroxyde à plus de 90 %. C'est donc l'essai fait dans les conditions les plus défavorables en apparence qui donna le meilleur résultat.

Dans le troisième essai, on renouvela les conditions de l'essai précédent, mais au lieu de chauffer en vase clos, le couvercle était posé librement sur le creuset de quartz. On trouva après calcination au-dessus de l'oxyde de baryum une couche blanche concrétée d'autant plus dense que la calcination est plus longue et consistant en oxyde de baryum chargé d'acide carbonique; il se formait ainsi un carbonate basique de baryum plus facilement fusible que le carbonate normal.

Ces essais conduisent aux conclusions suivantes : on peut obtenir un excellent oxyde à partir du carbonate en éliminant l'influence de l'acide carbonique des gaz du chauffage. On n'est pas astreint à employer une matière première anhydre, des températures parfaitement régulières ni une matière déterminée dans la constitution des creusets ou du four. La porcelaine, le quartz conviennent parfaitement; on peut même employer tous métaux ou alliages dont le point de fusion est suffisamment élevé.   L. B. 3768.   2. 13.

Franke.   **547.16 + 668.6 : 63.167.1**

C. 245-61575-61916. — Préparation et emploi de la cyanamide.

1913. *Londres. Chemical News, n°ˢ 2795 et 2796, 20-27 juin, pages 292 à 293 et 306 à 307 (2.500 mots environ) (4 fr.).*

La cyanamide possède la formule : $Ca\,CN_2$. Elle est fabriquée au moyen du carbure de calcium et de l'azote atmosphérique : $Ca\,C_2 + N_2 = Ca\,CN_2 + C$. On sait que le carbure de calcium est formé, à partir de la chaux et du coke, dans des fours électriques. Il est placé en poudre dans des cylindres d'acier chauffés électriquement. Quand la température du four est à 1.100° on admet l'azote et l'absorption a lieu. Il est prudent de ne pas dépasser 1.200° si l'on ne veut pas avoir de pertes. La réaction étant exothermique, la dépense d'énergie étrangère est relativement peu importante. L'azote est produit soit par le procédé de l'air liquide, soit par le procédé à l'oxyde de cuivre (procédé employé en Amérique). On sait que le cuivre chauffé s'empare très facilement de l'oxygène. On le pulvérise très finement et on se sert d'amiante comme support de cette poudre. Le tout est placé dans des fours chauffés à 800°. L'air est dépouillé de son oxygène par le cuivre, de l'acide carbonique par son passage à travers une tour renfermant de la soude caustique. La dessiccation du gaz se fait successivement par réfrigération, par passage à travers des lits de chaux et à travers du chlorure de calcium. Quant à l'oxyde de cuivre, on le réduit par le gaz naturel.

La cyanamide est ensuite refroidie, broyée finement et humectée d'eau pour éliminer le carbure et éteindre la chaux. Le produit est mis en briquettes. On broie ces briquettes au moment de faire l'expédition et on met la poudre qui en résulte dans des sacs ordinaires. Elle contient :

Cyanamide de calcium	45%
Carbonate de calcium	4
Chaux hydratée	27
Sulfure de calcium	1
Carbone libre	14
Fer et alumine	2
Silice	2
Eau combinée	4
Humidité	1

Après de nombreuses expériences, la cyanamide est regardée maintenant comme un engrais de très haute valeur. Employée dans la fabrication des engrais complets, elle ne donne pas lieu à des dégagements de vapeurs nitreuses. C'est, là aussi, un avantage appréciable. On avait remarqué que le pourcentage en azote baissait au bout de quelques mois de fabrication, mais on a constaté que ce fait est dû à l'absorption de l'acide carbonique et de l'humidité de l'air.

Ulpiani et Kappen ont définitivement établi que le cyanamide répandue sur le sol est transformée, au bout de quelques jours, en urée, par suite de l'action catalytique des colloïdes du sol. Puis l'urée est convertie en ammoniaque par les bactéries. Par réaction avec les acides du sol, il se forme des sels d'ammonium.

La cyanamide pourrait avoir un grand nombre d'usages. Ainsi, sous l'action de la vapeur surchauffée, elle est décomposée en ammoniaque et chaux. En la fondant avec des sels alcalins en présence de carbone on peut obtenir des cyanures. Lessivée par de l'eau à 70°-100°, elle donne la dicyandiamide ($H^2 C N^2/_2$) employée en teinture et dans l'industrie des explosifs. En Allemagne, on emploie des combinaisons de cyanamide et de sels alcalins pour la trempe de l'acier. Tous ces usages font prévoir que l'industrie de la cyanamide a le plus bel avenir. Il existe quatre usines en Allemagne, quatre en Italie, deux en France et une dans chacun des pays suivants : Autriche, Norvège, Suède, Suisse, Japon et Amérique. L'usine américaine pourra bientôt produire 50.000 ton. par an. La production mondiale est d'environ 120.000 ton.

C. G. 5343.   2. 24.

661.733.3

Pages.

C. 246-60601. — Un résidu de la vinification. Le tartre. Extraction de l'acide tartrique. Vente du tartre.

1913. *Oran. Revue agricole et viticole de l'Afrique du Nord, n° 64, 31 mai, pages 476 à 478* (1.300 *mots environ*) (1 *fr.* 50).

Après la fermentation, le vin est débarrassé des débris solides qui vont à la surface et constituent le « marc », et des matières denses qui, réunies à la partie inférieure de la cuve, forment les « lies ».

Ces résidus peuvent être utilisés pour l'extraction d'une nouvelle quantité de vin ou pour la distillation; mais les résidus de ces nouvelles opérations contiennent beaucoup de « tartre ».

Le tartre est, au point de vue chimique, du *tartrate acide de potassium*. Il contient également du tartrate de chaux, des matières colorantes et diverses autres impuretés.

Pendant la fermentation alcoolique le bitartrate de potassium se dépose et fournit le tartre brut.

Commercialement on distingue : 1° les tartres rouges ou blancs provenant des vins rouges ou blancs; 2° les cristaux d'alambic; 3° les cristaux des lies.

On estime qu'il reste dans le marc des vins du Midi 3 à 4 kg. de tartre par quintal.

On sait qu'il faut 15 parties d'eau bouillante pour dissoudre une partie de tartre et 184 parties d'eau froide.

Pour retirer le tartre des marcs, on les fait bouillir avec de l'eau pendant un quart d'heure et on abandonne la solution dans des bacs où se trouvent des ficelles tendues verticalement, ou des brindilles. Le tartre se dépose sur ces ficelles; après plusieurs opérations, on enlève les cristaux de tartre.

Les cristaux d'alambic doivent être traités de la même façon.

Les lies sont en général vendues telles quelles aux fabricants d'acide tartrique.

Extraction de l'acide tartrique. — Pour extraire l'acide tartrique, on dissout le tartre ou les lies dans de l'eau bouillante acidulée légèrement par l'acide chlorhydrique, on filtre et on neutralise par de la craie. En ajoutant du chlorure de calcium, on fait passer tout l'acide tartrique à l'état de tartrate de chaux, qu'on décompose ensuite par de l'acide sulfurique.

Les lies débarrassées du tartre peuvent être utilisées comme engrais, une fois séchées au four, elles renferment environ 4 % d'azote d'une valeur de 1 fr. 10 à 1 fr. 20 le degré.

Les tartres sont vendus, en général, au kilo de bitartrate de potassium qu'ils renferment.

On évalue leur richesse, rapidement, par l'essai désigné sous le nom d' « essai à la casserole ».

On fait bouillir, pendant dix minutes, dans 1 l. d'eau, 50 gr. de tartre à essayer. On décante le liquide clair et on le laisse reposer. Les cristaux qui se déposent sont lavés et séchés. Leur poids en grammes, multiplié par 2 et augmenté de 10, représente le degré tartrique réel.

Par exemple : Poids des cristaux : 28 gr.; degré tartrique $= (28 \times 2) + 10 = 66^\circ$.

Vente du tartre. — La vente du tartre donne des bénéfices appréciables.

D'après M. Paturel, on peut obtenir 1 kg. 35 de tartre, renfermant 76 % de bitartrate par 100 kg. de marc. Or, 100 kg. de tartre brut valent 130 fr. Donc, 100 kg. de marcs valent 1 fr. 60 environ.

P. R. 5490.   2. 33.

662.231.221.0025

C. 247-62151. — Note sur les conséquences, au point de vue de l'hygiène des ouvriers, de l'emploi des « turbines Selwig » dans la fabrication du coton-poudre.

1912. *Paris. Bulletin de l'Inspection du Travail, n°ˢ 5 et 6, pages 487 à 488* (600 *mots environ*) 2 *fr.*).

On sait que la fabrication du coton-poudre consiste à immerger du coton sec dans un mélange d'acides nitrique et sulfurique, et à expulser l'excès d'acides par turbinage, puis par lavages. Antérieurement, cette opération s'effectuait par le procédé des auges : des ouvriers plongeaient le coton dans de grandes auges, puis le plaçaient sur une grille où ils le comprimaient. D'autres venaient le prendre pour le placer dans des pots en grès, ou pots à réaction, où il restait plus ou moins longtemps avant d'être versé dans des turbines essoreuses.

Dans le procédé des turbines, on effectue toutes ces opérations dans un appareil unique : la turbine « Selwig ». On fait d'abord arriver dans la turbine le mélange acide; on fait tourner

Août 1913

lentement l'appareil et on y introduit peu à peu le coton. On ferme le couvercle et on aisse continuer le mouvement de rotation lente pendant toute la durée de la réaction (une demi-heure). On vide alors l'acide, puis on fait tourner la turbine à grande vitesse, et enfin on évacue le coton par un transporteur hydraulique qui le transporte dans des fosses pleines d'eau.

Ce procédé est de beaucoup préférable à l'ancien, au point de vue de l'hygiène des ouvriers. Il supprime en effet presque complètement les dégagements de vapeurs nocives.

P. C. 2322. 2. 47.

BOISSONS ET ALIMENTS

J. Lahache et F. Marre. 63.72 : 63.721 + 664.316.01
C. 248-F 39. — Beurre de vache et graisse de coco.
1913. *Paris. Maloine, éditeur,* 1 *vol.* 12 × 19 (*364 pages*) (*3 fr.* 50).

L'industrie des graisses végétales est relativement récente et a pris depuis quelques années une importance considérable. Les auteurs pensent qu'elle pourrait fixer en France un marché des matières grasses intertropicales absolument comme il existe un marché américain des graisses animales. Notre commerce et nos colonies y sont intéressées. Il ne faut donc pas entraver l'essor de cette industrie par une réglementation draconienne : l'adultération du beurre de vache par la graisse de coco peut être décelée d'une façon certaine et il suffira d'appliquer les lois actuellement en vigueur pour décourager les fraudeurs.

Si on prend comme nombre-indice 100, la moyenne du prix du beurre de 1891 à 1900, on arrive à la constatation suivante : de 1872 à 1882, le nombre-indice passe de 101 à 120. En 1890, il descend à 97, pour passer à 110 en 1906, après quelques fluctuations. Depuis, le prix a eu tendance à croître. Le *Bulletin de l'Institut International d'Agriculture* a publié les chiffres suivants pour le beurre : en 1905, 2 fr. 73 ; en 1908, 2 fr. 87, soit une augmentation en trois ans de 5 %.

On estime l'étendue des superficies plantées en cocotiers dans le monde entier à 1.738.000 ha. Les colonies françaises entrent pour 1/7° dans ce chiffre. La production des amandes a atteint, en 1911, 4 millions de tonnes. Bontoux estime la production de la graisse de coco à 1.600.000 qx Les usines françaises, à elles seules, fournissent annuellement plus de 550.000 qx. Il s'agit donc là d'une industrie importante que l'on ne doit mettre en péril par aucune mesure législative, d'autant plus que la fraude est assez facile à découvrir, en se servant de procédés analytiques assez différents. Les auteurs passent en revue un grand nombre de méthodes. Presque toutes donnent de bons résultats. Les deux qui paraissent réunir le plus de suffrages sont dues, l'une à Bömer, l'autre à Cesaro. Avant d'indiquer ces deux procédés, il est bon de donner les constantes des deux produits analysés :

TABLEAU I

		BEURRE DE VACHE	GRAISSE DE COCO
Densité.	à + 15°	920 à 936	926
	à + 100°	865 à 868	843-870
Point de fusion		+ 31 à 33	+ 23 à + 27
Point de fusion des acides gras		»	+ 22,5 + 27
Point de solidification		+ 28 à + 30	+ 22 à + 23
Point de solidification des acides gras		»	+ 25 à + 27
Humidité		10 à 18 %	0 à 0,9 %
Matière grasse totale.		80 à 88 %	99 %
Matières minérales		0,1 à 0,2 %	0
Insaponifiable		0,3 %	0,17 à 0,29 %
Caséine		0,5 à 2 %	0

TABLEAU II

	BEURRE DE VACHE	GRAISSE DE COCO
Indice de saponification (Köttstorfer)	225-227 (moyen.)	255 (moyenne)
Indice d'iode (Hübl)	26 à 38	8 9
Température de critique de dissolution dans l'alcool (Crimser)	à 90° : + 98 à + 102 à 100° : + 53 à + 57	31 35
Déviation à l'oléoréfractomètre de Jean et Amagat	— 30° (moyenne)	— 54 (moyenne)
Acides gras fixes (Hehner)	86 à 89	83 à 87
Acides gras volatils solubles (en acide butyrique)	4,79 à 6,61	2,26 à 2,70
Acides gras volatils insolubles	0,65 (moyenne)	9
Indice R. M. W. A. V. S.	26 à 33,25 (moyen.)	6,6 à 8,5
Indice R. M. W. A. V. I.	0,05 à 2	16

Août 1913

Procédé de Bömer. — Les matières insaponifiables existant dans les corps gras animaux sont composées, en majeure partie, par de la cholestérine ; dans les corps gras végétaux, c'est une autre substance appelée phytostérine. Le beurre de vache contient environ 0 gr. 30% de cholestérine, tandis que la graisse de coco contient de 0,17 à 0,23 % de phytostérine, Les constantes physiques de ces deux substances sont entièrement différentes. La méthode est basée sur la différence : 1º de la forme cristalline ; 2º de la solubilité dans l'alcool absolu ; 3º du point de fusion des acétates respectifs. Voici comment on opère : on chauffe au réfrigérant ascendant 100 gr. du corps gras avec 250 cm³ de solution alcoolique de potasse. On neutralise incomplètement ensuite le liquide par de l'acide acétique ; on évapore, on épuise au Soxhlet par de l'éther que l'on distille ensuite ; on saponifie par 10 cm³ de lessive alcoolique de potasse ; on évapore à sec et épuise au Soxhlet par l'éther sulfurique. On distille l'éther et pèse le résidu.

Si l'on pense que le produit n'est pas exempt de paraffine, on continue ainsi : l'insaponifiable brut est traité par 1 cm³ d'éther de pétrole au bain-marie, à 15 ou 16º C. On filtre et lave cinq fois avec 1/2 cm³ d'éther de pétrole chaque fois. On obtient un liquide *a* et un insoluble *b*. Le liquide *a* évaporé à sec est repris par l'acide sulfurique concentré. On chauffe entre + 104 et + 105. On extrait à l'éther de pétrole et on pèse. Le poids donne la paraffine.

L'insoluble brut *b* est dissous dans l'alcool absolu bouillant, puis évaporé à sec au bain-marie ; on traite ensuite à chaud par de l'anhydride acétique et on évapore. On dissout ensuite dans un peu d'alcool absolu. Par évaporation de l'alcool, la cristallisation a lieu. On sépare le liquide par filtration et on lave l'insoluble avec de l'alcool à 95º. On traite l'insoluble par de l'alcool absolu bouillant et on fait cristalliser. On filtre et prend le point de fusion des cristaux.

Le point de fusion de l'acétate de phytostérine est de 125º6 à 137º, celui de l'acétate de cholestérine est 114º3 à 114º8. Si le point de fusion d'un beurre est supérieur à + 116º, il y a de fortes présomptions pour qu'il soit fraudé.

Si le point de fusion dépasse 117º, il y a certitude.

Méthode de Cesaro. — La méthode de Cesaro est basée sur l'étude optique du glycéride prépondérant de coco. Ce corps donne des microlites à allongement positif, contrairement à ce que l'on constate avec des cristaux que l'on peut trouver dans les beurres purs.

En lumière convergente, on observe que la droite AB, qui joint les sommets, est normale à l'allongement. Si un beurre est fraudé, en l'examinant en lumière convergente, on aperçoit des bandes positives montrant le plan des axes optiques transversal. Si la quantité de coco ajoutée est très faible, on traite la matière par de l'alcool à 95º. On refroidit à + 11º, on recueille le dépôt et c'est celui-ci qui est examiné au microscope. Par ce procédé, on arrive, avec un peu d'habitude, à retrouver jusqu'à 2 % seulement de coco dans un beurre.

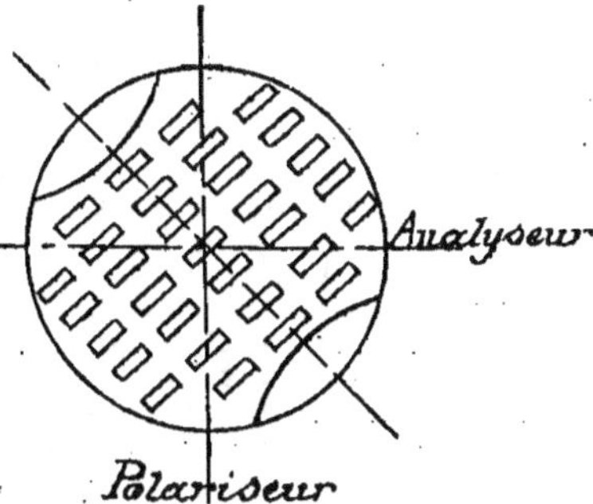

Fig. 5.　　　(6642)
Examen à la lumière convergente.

C. G. 5343. 3. 8.

RÉFÉRENCES

Thévenot.　　　　663.4 (73)

C. 249-59593. — **La fabrication de la bière en canettes aux États-Unis.**

1913. *Grandville. Brasserie et Malterie,* nº 4, 5 *mai, pages* 97 *à* 108 (3.300 *mots environ*) (3 *fr.*).　　　3. 4.

664.123.44

C. 250-59872-60543 . — **La dessication des pulpes en sucrerie. « Le sécheur Impérial ».**

1913. *Paris. Journal des Fabricants de sucre,* nº⁸ 21 *et* 28, 5 *et* 28 *mai* (4.600 *mots environ*) (2 + 3 = 5 *figures*) (2 *fr.*).　　　3. 9.

Ballon.　664.94 : 616.964 + 616.964

C. 251-61678. — **Influence de la réfrigération sur les viandes ladres.**

1913. *Paris. L'Industrie frigorifique,* nº 120, *mai, pages* 147 *à* 152 (4.200 *mots environ*) (3 *fr.*).　　　3. 15.

Piettre.　　　63.752 : 614.3

C. 252-61492. — **Analyse chimique des produits manipulés de la charcuterie** (d'après Travail du Laboratoire des Halles centrales.)

1913. *Évreux. L'Hygiène de la Viande et du Lait,* nº 6, 10 *juin, pages* 281 *à* 304 (9.200 *mots environ*) (3 *fr.*).　　　3. 19.

[63.658

C. 253-60818. — **L'élevage des oies.**

1913. *Paris. Bulletin des Halles,* nº⁸ 100-101, 2-3 *mai, page* 1 (3.200 *mots environ*) (1 *fr.* 50).　　　3. 19.

Loisel.　　　　63.96

C. 254-61059. — **La culture et l'élevage du homard dans les îles Kviting's en Norvège**

1913. *Paris. Revue Générale des Sciences pures et appliquées,* nº 10, 30 *mai, pages* 381 *à* 386 (4.900 *mots environ*) (4 *figures*) (2 *fr.* 50).　　　3. 19.

Pour recevoir l'article original, donner le numéro d'ordre (à gauche du titre) et joindre la somme indiquée entre parenthèses. Pour les traductions, voir pages vertes A-498.

Août 1913

CORPS GRAS

Edeleanu.   **665.52**

C. 255-60157. — Le procédé de raffinage du pétrole par l'acide sulfureux, système Edeleanu.

1913. Paris. La Revue des Produits chimiques (d'après le « Moniteur du Pétrole Roumain »), n° 15, 20 mai, pages 227 à 229 (3.000 mots environ) (2 fr.).

Ce procédé consiste dans le traitement des distillats de pétrole par le bioxyde de soufre liquide; il est basé sur la propriété du bioxyde de soufre liquide de dissoudre facilement les hydrocarbures aromatiques et les hydrocarbures cycliques non saturés, relativement riches en carbone, qui ont une influence préjudiciable sur les propriétés du combustible.

Si on mélange un distillat de pétrole avec du bioxyde de soufre, celui-ci dissout les hydrocarbures aromatiques lourds, et laisse intacts les hydrocarbures paraffiniques et naphténiques. Il se produit deux couches liquides distinctes : la couche supérieure contient le distillat, duquel ont été éliminés les hydrocarbures préjudiciables, et la couche inférieure est constituée par la solution de ces hydrocarbures dans le bioxyde de soufre.

Le bioxyde de soufre, qui a servi à dissoudre, peut être récupéré en entier en liquéfiant les vapeurs dans un appareil de condensation. Plus le distillat est riche en hydrocarbures aromatiques, plus il faut employer une grande quantité de bioxyde de soufre. A mesure que la température augmente, la solubilité des hydrocarbures paraffiniques et naphténiques augmente. Il y a donc intérêt à opérer le traitement aux températures les plus basses.

L'auteur reproduit des tableaux de résultats obtenus sur divers pétroles, d'après lesquels le traitement à SO^2 liquide aurait amélioré considérablement les qualités du pétrole, et, notamment augmenté le pouvoir éclairant de 15 à 40 %.

Les sous-produits, extraits du distillat, peuvent recevoir une utilisation pratique, notamment fournir de l'huile de transformateur.

Une installation devant traiter 65 ton. par jour coûte 230.000 fr., dont l'amortissement et l'intérêt sont de 29.500 fr. par an; d'autre part, les frais d'exploitation sont de 22.850 fr. Le traitement reviendrait donc à 2 fr. 48 par tonne de produits traités. Le prix ne serait que de 1 fr. 80 pour une usine pouvant traiter 500 ton. par jour, et dont le prix de revient serait de 1.600.000 fr.

P. C. 2322.   4. 1.

621.899

C. 256-59722. — Extraction des huiles contenues dans les déchets, chiffons, etc. (Combinaison d'un appareil d'extraction, de lavage et de séchage, système d'Olier).

1913. New-York. Metallurgical and Chemical Engineering, n° 5, mai, pages 295 et 296 (900 mots environ) (2 figures) (3 fr. 50).

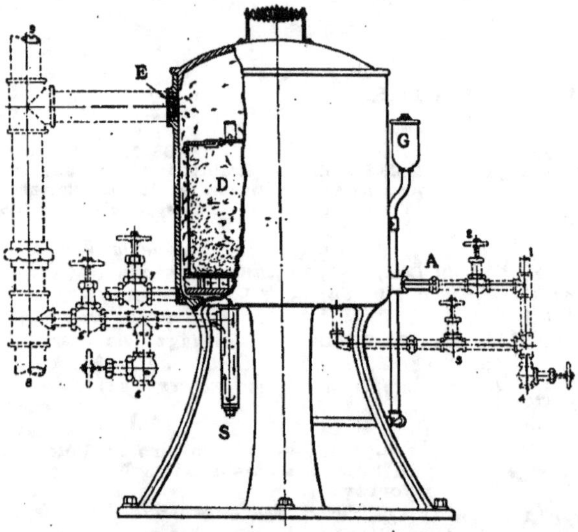

Ce centrifugeur est destiné à récupérer l'huile contenue dans des déchets, les chiffons qui servent à essuyer les machines, les copeaux métalliques graisseux, etc.

Il fonctionne de la manière suivante : on met la matière graisseuse dans le panier, on ouvre le robinet de vapeur. Sous l'action de celle-ci, la turbine qui est disposée au fond du centrifugeur se met à tourner très vite entraînant le panier. Au bout de quelques secondes, le tout devient très chaud. A ce moment, l'huile se sépare de la matière qui la contenait, elle passe à travers les mailles du panier, est arrêtée par l'enveloppe et se réunit à la partie inférieure. L'huile est donc récupérée. Si la matière graisseuse est du linge, on peut rendre ce dernier tout à fait propre en recommençant l'opération, mais avec une poudre de blanchiment.

On fait passer la vapeur quelques instants, puis on essore à fond.

6680)

Fig. 1. — Schéma de l'appareil pour l'extraction des huiles, système Olier.

E, échappement; D, déchets graisseux; G, graisseur; A, ajutage de vapeur; S, sortie de l'huile.

Le rendement est de 90 à 95 % de l'huile ou de la graisse contenue dans les déchets traités.

C. G. 5343.   4. 9.

Août 1913

CÉRAMIQUE ET VERRE

Zeyen.   **666.94**

C. 257-58027. — Industrie du ciment. Procédés de broyage.

1913. Berlin. Tonindustrie Zeitung, n° 42, 10 avril, pages 558 à 559 (2.200 mots environ) (2 figures) (1 tableau) (2 fr. 50).

L'ingénieur Zeyen a fait, concernant les procédés de broyage des klinckers dans la fabrication d'intéressantes expériences.

Elles portaient spécialement sur le choix des appareils de broyage : broyeurs à boulets et tubes broyeurs, ainsi que sur l'avantage que pourrait présenter l'emploi de galets au lieu de boulets en acier. Le côté économique est naturellement envisagé d'une façon spéciale et l'exemple suivant, qui illustre bien ses conclusions, montre la production dans les deux cas par cheval-heure.

Dans un tube de 1 m. 200 de diamètre et de 5 m. de longueur, il a broyé un ciment de laitier donnant 40 % de résidu au tamis de 5.000 mailles, jusqu'à ce que le résidu sur ce tamis ne soit plus que de 10 %.

Il a utilisé dans le premier essai comme éléments broyants des boulets en acier : 7.500 kg. ayant 30 mm. de diamètre; dans le deuxième essai, des galets : 4.500 kg. ayant également 30 mm. de diamètre.

Dans le premier cas il a broyé 4.780 kg. à l'heure, avec une consommation de force de 68 HP, c'est-à-dire environ 70 kg. de matières broyées par cheval-heure.

Dans le second cas, 3.670 kg. de ciment ont été pulvérisés, avec une consommation de force de 44 HP, c'est-à-dire approximativement 82 kg. par cheval-heure.

Cette différence s'explique par ce fait que la surface broyante dans le premier cas avec les 7.500 kg. de boulets d'acier n'est que de 200 m², tandis que dans le second, avec les 4.500 kg. de galets, elle est de 300 m².

Le broyage par galets peut donc être considéré comme le plus économique.

A. M. 8046.   5. 10.

Orliac.   **666.13.0043 + 628.519 : 666.13**

C. 258-62156. — Note sur la protection contre l'élévation de température dans les verreries.

1912. Paris. Bulletin de l'Inspection du Travail, n°ˢ 5 et 6, pages 523 à 529 (1.800 mots environ) (5 figures) (2 fr.).

Pour abaisser la température aux postes de travail, deux méthodes peuvent être suivies : la première consiste à intercepter la chaleur rayonnante au moyen d'écrans mauvais conducteurs interposés entre l'ouvrier et la source de calorique. L'autre consiste à créer autour du foyer une atmosphère fraîche artificielle.

Dans certaines verreries on dispose autour du four une carapace d'amiante. Les feuilles doivent être placées entre deux plaques de tôle maintenues par des écrous sur une armature de métal. En principe, tout corps mauvais conducteur peut entrer dans la confection des écrans. L'auteur signale notamment les gros feutres fabriqués sous le nom de « thibaudes de poils de vache », dans certaines régions de la Picardie.

La meilleure solution semble celle qui consiste à renouveler l'atmosphère. En face de chaque poste d'ouvrier, autour du four, à 2 m. 20 de hauteur environ, on a amené, au moyen d'une tuyauterie, un certain volume d'air que distribue une bouche orientable à volonté, et munie d'un registre pour le réglage du débit. Le renouvellement de l'air autour de l'ouvrier doit être très lent. Il n'est pas nécessaire d'envoyer de l'air très froid. Chacune des bouches débite de 100 à 150 l. d'air par seconde. L'auteur décrit l'installation faite à la verrerie à flacons de lieux-Rouen-sur-Bresle, suivant ces principes.

Une telle installation ne convient qu'à des établissements d'une certaine importance, en raison de son prix de revient relativement élevé. Pour de vieilles verreries, n'occupant qu'un petit nombre d'ouvriers, on pourra utiliser de simples ventilateurs électriques, qui brassent l'air, et par suite favorisent la sudation des ouvriers, et l'impression de fraîcheur. Une telle installation a été faite dans une verrerie de Normandie (Nesle-Normandeuse). Sur une charpente légère entourant la partie supérieure du four sont fixés, par des tiges métalliques, au-dessus des ouvreaux, six ventilateurs hélicoïdaux dont la régulation peut être obtenue au moyen de rhéostats. L'auteur préconise l'emploi de ventilateurs hélicoïdes à self-rotation, qui produiraient un meilleur brassage de l'air.

P. C. 2322.   5. 1.

BLANCHIMENT ET TEINTURE

Chaplet.   **667.223.2**

C. 259-61074. — Machines à teindre les fils en indigo.

1913. Paris. La Nature, n° 2088, 31 mai, pages 428 à 430 (1.500 mots environ) (4 figures) (1 fr. 50)

Il existe depuis longtemps des machines pour teindre les pièces en indigo, mais, jusqu'ici, la teinture en écheveaux était encore pratiquée à la main. Deux techniciens espagnol sont imaginé chacun un dispositif destiné à teindre automatiquement les écheveaux.

Août 1913

La machine Regordosa et celle de Jomandreu reposent toutes les deux sur le même principe. Les écheveaux sont disposés sur des barres de fer, qui sont portées par deux chaînes sans fin ; elles s'y accrochent presque automatiquement, guidées par les chaînes, de telle sorte que, pendant le trajet dans le bain de teinture, l'angle qu'elles forment avec la verticale se modifie graduellement. Les écheveaux sont ainsi alternativement repliés sur eux-mêmes et élargis, ce qui favorise la pénétration du bain de teinture.

Les écheveaux imprégnés du bain sont exprimés entre deux rouleaux de caoutchouc, puis sont promenés à l'air libre pour provoquer l'oxydation de l'indigo réduit. Dans la machine Regordosa, la course est verticale, tandis qu'elle est horizontale dans celle de Jomandreu. Deux ouvriers teignent sans fatigue 4.000 à 5.000 kg. de coton par jour, ce qui, sans machine, nécessiterait une douzaine d'ouvriers.   A. W. 5472. 6. 6.

Scharwin.   **547.65 + 667.234 : 547.65**

C. 260-59637. — Action des quinones sur la laine et les autres substances protéiques.

1913. *Leipzig. Zeitschrift für angewandte Chemie, n° 35, 2 mai, page 254 (600 mots environ) (2 fr. 50).*

La laine plongée dans une solution aqueuse de quinone prend une coloration brune intense, très résistante aux acides et au lavage et qui n'est pas affaiblie ni par l'alcool, ni par l'acide acétique bouillants. Cette coloration se produit également avec des solutions alcooliques, acétique, benzénique, etc., et elle est plus rapide à chaud, mais cette accélération dépend de la nature du dissolvant. Les vapeurs de quinone produisent d'abord une coloration rose qui devient peu à peu brun-violet. Cette réaction paraît générale avec les p. quinones, car le chloranile, la toluquinone, la thymoquinone, la naphtoquinone, etc., la fournissent également, mais les nuances sont différentes. Tandis que la benzoquinone, la toluquinone, le chloranile, l'α naphtoquinone donnent des nuances brun-rouge, la thymoquinone et ses dérivés dihologénés teignent en orangé et l'anthraquinone et la phénanthrène quinone sont sans action.

Enfin, les matières protéiques comme la soie, la corne, le cuir, la caséine, l'albumine se comportent de même.

On peut admettre que cette réaction est due à la présence d'un groupe aminé. On sait, en effet, que les p. quinones réagissent avec les amines pour donner des dérivés des aminoquinones. Ainsi, avec l'aniline, on a :

$$3\ (O = C^6H^4 = O) + 2\ C^6H^5\ NH^2 = 2\ [C^6H^4\ (OH)^2] +$$

$$\underset{C^6H^5 \cdot NH}{\overset{NH \cdot\cdot C^6H^5}{O = \langle\ \rangle = O}}$$

Il se forme également une hydroquinone provenant de la réduction de la quinone. Dans le cas du chloranile, il se dégage d'abord H Cl et l'autre atome de chlore est remplacé par $C^6\ H^5$-NH.

Ces réactions permettent donc — si l'on admet cette analogie — de déceler la présence de groupes amidés dans la laine et les matières protéiques.   A.W . 5472. 6. 7.

Kirchacker.   **667.131 : 621.55**

C. 261-59712. — Application et influence du froid dans le mercerisage.

1913. *Paris. L'Industrie frigorifique, n° 119, avril, pages 119 à 121 (1.400 mots environ) (1 tableau) (3 fr.).*

Le mercerisage, comme on le sait, consiste à soumettre les fibres de coton aux effets d'une forte solution alcaline. Dans ces conditions, les fibres, après la trempe, se gonflent, deviennent plastiques et transparentes, et gagnent en force, bien qu'elles soient raccourcies. Elles obtiennent, en même temps, une plus grande affinité pour certaines couleurs et teintures métalliques. Le changement chimique dépend surtout de l'hydratation de la cellulose. Après un étirage et un lessivage appropriés, le fibre ne se raccourcit plus.

Le degré de raccourcissement des fibres varie selon les différentes concentrations, températures et durées de lessivage. D'une table que l'auteur reproduit, il résulte que : 1° la lessive caustique à 10° B. n'a pas d'effet ; 2° la durée du trempage n'a pas grand effet au-dessous d'une minute ; 3° la concentration entre 30 et 35° B. est la meilleure ; elle doit être aussi rapprochée que possible de 35° ; 4° la température a une grande influence et le mercerisage est d'autant meilleur que la température est maintenue plus basse. Ceci s'applique à condition d'employer des bains au-dessous de 30° B. Le refroidissement a donc surtout de l'importance pour des bains relativement faibles. Il existe cependant un certain nombre de maisons travaillant à l'aide du froid. Le refroidissement est entrepris de telle manière que le bain concentré contenu dans la machine soit continuellement refroidi par une circulation d'eau glacée. Des serpentins de saumure froide peuvent être introduits directement dans le bain de lessive.

L'auteur donne enfin un réactif de mercerisage simple. Pour distinguer le fil mercerisé, on doit, ou faire usage du microscope, ou procéder à un essai de bain comparatif formé de bleu de méthylène : la fibre mercerisée teint plus foncé que celle qui ne l'est pas. H. Lange recommande une méthode simple : les fibres sont placées pendant trois minutes dans une solution concentrée de chlorure de zinc (70 %) et d'iode (6 %), contenue elle-même dans une solution à 25 % d'iode et d'alcali, puis elles sont ensuite lavées. Les fils mercerisés deviennent bleus, tandis que ceux qui ne le sont pas ne changent pas.   P. C. 2322. 6. 14.

Août 1913

INDUSTRIES DIVERSES

Hoffmann.   **679.1**
C. 262-57030. — Appareils pour la fabrication d'objets d'ambre pressé.

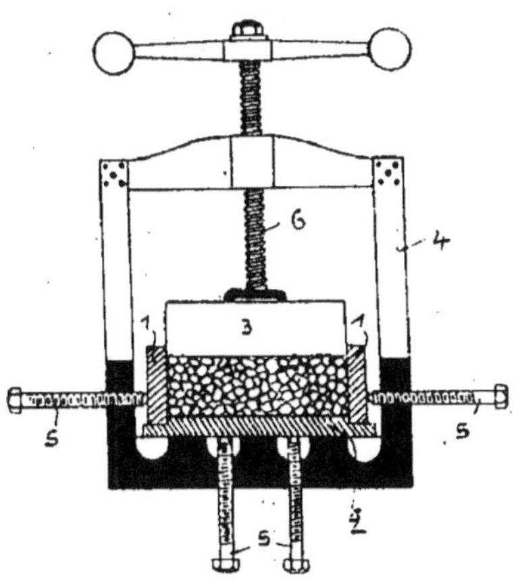

(6632)   Fig. 1.

Vue en coupe d'un appareil pour produire des plaques ou blocs d'ambre, système Borowski.

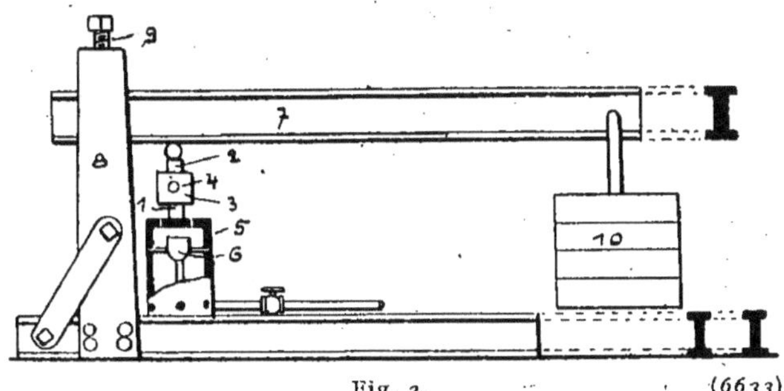

Fig. 2.   (6633)

Appareil pour la fabrication par pressage des objets finis, système Egge.

1913. *Münich. Kunststoffe,* n° 7, 1ᵉʳ avril, *pages* 121 à 124 (2.700 *mots environ*) (14 figures) (2 fr. 50).

Borowski unit les morceaux d'ambre en plaques ou blocs plus gros, et avec ceux-ci il produit les objets désirés. Il se sert du dispositif représenté par la figure : deux plaques en forme d'angles 1 forment avec une plaque de fond 2 une caisse dans laquelle passe à frottement dur un pilon. Cette caisse est fixée dans une presse 4. On soumet la caisse à une assez forte chaleur (500° C.) pendant 2 h. 1/2, tandis que la matière est comprimée à fond. Puis on laisse refroidir.

Le dispositif de F. Egge est représenté figure 2 et sert à la fabrication d'objets finis, tels que fume-cigares, manches de couteaux ou poignées de cannes; il est formé de deux plateaux 1 et 2 entourés d'un châssis 3 dans lequel ils peuvent se déplacer. Une pièce trouée 4 est munie d'une pointe destinée à former le trou du fume-cigare. La forme repose avec le plateau 1 sur le support où se trouve le brûleur à gaz 6. Un levier très long 7 agit sur le plateau supérieur. Ce levier est assujetti par 8 et 9. A l'autre extrémité se trouve une charge considérable 10. Cet appareil a l'avantage de soumettre les morceaux d'ambre à une pression constante, car le levier suit les mouvements des plateaux.

Simon a construit un dispositif intéressant (fig. 3). Plusieurs blocs 1 sont disposés les uns au-dessus des autres sur un plateau 2 obturé par le corps de presse 3. Chaque bloc contient des trous qui sont mis en communication par des canaux 5. Les blocs sont supportés par des plaques en laiton 6. D'autres dispositifs sont donnés par l'auteur, notamment celui de Edward Lot Gaylard, qui a pour but de produire des objets de luxe, c'est-à-dire des objets guillochés ou munis de toutes espèces d'enjolivements. C. G. 5343. 8. 5.

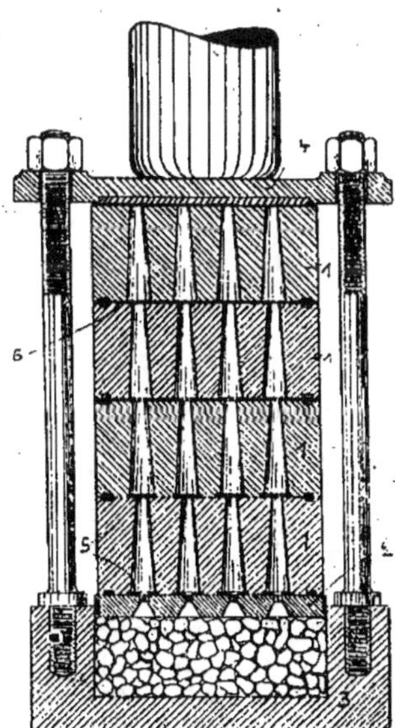

Fig. 3.   (6634)

Vue en coupe du dispositif Simon pour le pressage de l'ambre.

665.84
C. 263-57911. — Générateur pour la production du gaz de pétrole.

1913. *Berlin. Zeitschrift für Beleuchtungswesen,* n° 4, 10 *avril,* pages 41 et 42 (1.200 *mots environ*) (1 figure) (2 fr. 50).

Ce type de générateur nouveau pour la production de gaz de pétrole est construit par la Firme Joh. Spiel; il a pour principe la gazéification de l'huile de pétrole par son passage sur des briques portées au rouge.

L'inconvénient que présentent en général ces appareils, c'est que la gazéification y est incomplète. Le dispositif décrit remédierait à cet inconvénient; il consiste en un filtre à coke placé à la sortie du générateur et dans lequel on insuffle de l'air sous forte pression. Dans ce filtre, rendu incandescent, l'air brûle complètement les fumées et les goudrons qui avaient échappé à la combustion, ce qui assure une gazéification parfaite de tous les produits composant l'huile de pétrole.

G. L. 8. 9.

Août 1913

Heckel.

661.51 : 662.66 +

C. 264-55940. — Utilisation de l'azote du charbon sous forme d'ammoniaque.

1913. *Essen. Glückauf, n° 10, 8 mars, pages 361 à 364 (2.000 mots environ) (1 figure) (3 tableaux) (3 fr. 50).*

La teneur des charbons en azote est très différente : elle varie de 0,5 % pour le lignite à 1,5 % dans le charbon flambant westphalien. Mais, par cokéfaction, la houille ne dégage qu'une faible partie de cet Az à l'état d'ammoniaque, de pyridine, de cyanures et de sulfocyanures :

	Charbon westphalien	Charbon anglais	Charbon de Silésie	Charbon de Bohême	Charbon de Saxe	Charbon de la Saare	Charbon schisteux de Bohême	Lignite de Bohême
Teneur en Az %. . . .	1,50	1,45	1,37	1,36	1,20	1,06	1,49	0,52
Az restant dans le coke.	0,96	1,02	0,95	0,77	0,86	0,85	0,56	0,23
Az dégagé par la distillation	0,54	0,43	0,42	0,59	0,34	0,21	0,93	0,29

RÉPARTITION DE L'AZOTE	Az en NH^3 %	Az en cyanures %	Total de l'Az pouvant être ainsi récupéré %
Charbon westphalien.	11,3 — 17,0	2,3 — 4,2	13,8 — 20,1
— de Sibérie.	11,1 — 20,4	1,6 — 3,0	13,1 — 23,3
— anglais.	11,2 — 25,0	1,7 — 4,4	13,4 — 27,0

Mais il est juste de dire que les chiffres des cokeries pour le rendement en NH^3 sont plus intéressants, par exemple : dans l'intallation Deutscher Kaiser, on récupère 24 % de l'Az en ammoniaque, soit 1,2 % du charbon.

Résultats en NH^3 de certaines cokeries.

	Teneur totale du charbon en Az %	Quantité d'NH^3 obtenue de charbon %	Quantité correspondante en sulfate d'NH^3 %
Westphalie.	1,39	0,264	0,94
—	1,77	0,306	1,18
Autriche.	1,43	0,210	0,81
—	1,52	0,165	0,64
Haute-Silésie.	»	0,360	1,40
Basse-Silésie	»	0,204	0,79
Angleterre.	1,40	0,286	1,11

Les facteurs favorables à la formation de l'ammoniaque sont :

L'eau, en quantité suffisante ;

Une température pas trop élevée, car l'ammoniaque qui se forme à 800° se décompose déjà à 900 ;

Une évacuation rapide des gaz hors des fours pour éviter une décomposition au contact des parois incandescents.

Il y a lieu de signaler ici que l'oxyde de fer diminue la quantité d'Az qui reste fixée au coke, mais en même temps accélère par catalyse la décomposition de l'NH^3.

Durant la cokéfaction, le dégagement de l'NH^3 se produit surtout au début et cesse presque complètement vers la fin ; les cyanures se dégagent vers le milieu de la distillation.

Les usines à gaz obtiennent plus de cyanures et moins d'ammoniaque que les cokeries, ce qui tient à ce qu'elles utilisent du charbon sec tandis que les fours à coke reçoivent généralement un combustible à 12 à 15 % d'humidité.

Il a été établi que le coke chauffé dans un courant d'Az dégage jusqu'à 85 % de son Az.

Il y a bien de nombreux procédés brevetés pour augmenter la production en NH^3, mais l'auteur considère que ceux-ci manquent généralement d'efficacité pratique ou causent des inconvénients

Août 1913

sérieux. Par exemple, l'addition de chaux altère la qualité du coke, l'injection de vapeur refroidit sensiblement les parois du four.

Toutefois, quelques essais de distillation avec addition de 10 % de chaux calcinée ont donné une augmentation de 1 % d'NH^3. La chaux a aussi cet autre avantage de fixer le soufre du coke à l'état de sulfure de calcium.

Schreiber a trouvé dernièrement que les combinaisons de l'azote et du carbone sont transformées par catalyse déjà sous température relativement peu élevée en NH^3 et CO^2, quand on les les fait agir à 300° C. environ sur une masse d'oxyde de fer. On a ainsi transformé en NH^3 l'azote des composés pyridiques ou cyanurés : des gaz de fours débarrassés de leur ammoniaque et contenant 4 gr. 4 de cyanogène par 100 m^3 à l'état de cyanures ont donné dans un cas 47 gr. 6 d'NH^3 et dans un autre 32 gr. 7.

Conclusion. — L'obtention de l'NH^3 ne dépend seulement pas de la qualité du charbon, mais aussi du système de cokéfaction et de la marche de l'installation. On peut énoncer les divers principes suivants :

1º Le charbon doit être réparti uniformément dans le four pour ne pas laisser d'espaces libres qui faciliteraient la décomposition de l'NH^3.

2º Les gaz doivent être extraits des fours le plus rapidement possible ;

3º Les fours doivent être parfaitement étanches ;

4º Il faut suivre l'allure du four au moyen de la composition des gaz ;

5º Il est pratiquement meilleur de ne pas employer de charbon contenant trop peu d'eau, la vapeur empêchant la décomposition de l'ammoniaque ;

6º Si les fours sont trop poussés (en température) on produit trop de cyanures, tandis qu'il reste plus d'Az dans le coke. Avec une température plus modérée, on augmentera le rendement en NH^3.

Il y a lieu de remarquer qu'il n'a été question jusqu'ici que de l'obtention de l'NH^3 dans la cokéfaction du charbon en vase clos. Un deuxième mode d'obtention réside dans la gazéification du combustible par injection d'air (dans les gazogènes). On obtient, par exemple, dans les gazogènes Moud 60 % et plus de l'Az du charbon à l'état d'NH^3.   J. B. 2471. 8. 9.

Barrier.   **686.47**

C. 265-57107. — Extinction du feu dans les cuves de vernissage au moyen de sciure de bois.

1913. New-York. The Metal Industry, nº 3, mars, pages 119 à 121 (3.000 mots environ) (1 figure) 3 fr.).

Lorsque le feu prend dans les bacs de vernissage, il est généralement très difficile de l'éteindre. L'auteur indique une série d'expériences faites avec de la sciure de bois comme extincteur.

Ces essais montrent que quelques pelletées de sciure de bois dur ou tendre suffisent pour éteindre le feu en une minute dans des cuves de vernis de 1 m. 50 de côté.

Des cuviers renfermant de l'essence minérale enflammée ont pu être éteints par le même moyen en cinquante secondes.

L'action de la sciure de bois semble être une carbonisation incomplète dégageant de l'acide carbonique qui s'étend en nappe sur le liquide et arrête la combustion.

L'effet est plus rapide sur les liquides épais, car la sciure de bois y flotte mieux au-dessus.

La sciure peut être de bois dur ou tendre, elle agit aussi bien sèche qu'humide.

Le sable lui est bien inférieur, car il ne flotte pas.

L'effet extincteur de la sciure de bois est accentué par le bicarbonate de soude pulvérisé.

E. B. 5399. 8. 10.

R. M. Gattefossé.   **668.52 + 668.54 (01)**

C. 266-O 45. — Technique de la fabrication des parfums naturels et artificiels.

1913. Lyon. Parfumerie moderne. 1 brochure 21 × 27, 30 pages, 35 figures (2 fr. 25).

Le matériel employé dans l'industrie des parfums s'est, sous l'influence d'une prospérité croissante et d'une vive concurrence, profondément modifiée pendant ces dernières années. La description des appareils distillatoires et de rectification fait l'objet de cette brochure, qui donne en même temps un exposé des procédés généraux de fabrication.

Extraction des parfums par dissolution. — Le procédé d'enfleurage à froid, un des premiers pratiqués en France, quoique lent et exigeant beaucoup de main-d'œuvre, donne les plus grands rendements. Il consiste à imbiber des toiles tendues sur des cadres d'un dissolvant fixe (huiles végétales, olive, coton, neutres, ou bien huiles minérales de vaseline ou de paraffine). On dispose sur ces cadres des couches de fleurs fraîches, laisse l'absorption se faire lentement. Après un contact dont la durée est déterminée par la quantité de fleurs traitée, la vitesse d'absorption du parfum ou remplace les fleurs par de nouvelles jusqu'à saturation du dissolvant, puis on exprime l'huile parfumée à la presse hydraulique. L'huile est lavée à l'alcool et l'extrait évaporé à siccité.

On peut activer les opérations en épuisant les fleurs traitées par l'enfleurage à froid par l'extraction au pétrole. C'est ce procédé mixte qui donne les plus grands rapports.   8. 11.

C. — Préparation et emploi de la cyanamide.

(Voir plus haut, chapitre Produits chimiques.)   8. 15.

C. — Méthodes et essais de conservation des traverses de chemins de fer.

Voir (*M. S. I.*, chapitre Locomotion sur terre.)   8. 15.

Août 1913

C. L. Gatin.   **63.49 (02)**

C. 267-C. 13. — Les arbres, arbustes et arbrisseaux forestiers.

1913. *Paris. Lechevalier, éditeur, in-12, 12 × 16 pages, 200 pages, 32 figures et 100 planches coloriées (6 fr. 50).*

Cet ouvrage sera très utile pour reconnaître les diverses espèces végétales de nos forêts. Il contient, en effet, l'étude des 100 principaux arbres et arbrisseaux; pour chaque espèce, une belle planche en couleur montre l'aspect de la plante à diverses époques (fleur, fruit) et, sur la page en regard, se trouvent, clairement résumées, les caractéristiques du végétal, ses applications, etc.

L'ouvrage débute par 60 pages de généralités sur les arbres, leurs ennemis et leurs parasites, les forêts, les caractères des principales familles de végétaux, etc.   P. C. 2322. 8. 15.

Max Ringelmann.   **63.163.1 (02) + 614.761**

C. 268-X 3-1. — Aménagement des fumiers et des purins.

1913. *Paris. Librairie agricole de la Maison rustique (1 fr. 75).*

D'après des évaluations modérées, la valeur totale des résidus utilisables comme fumure serait, annuellement, de 2 milliards et demi de francs (1). Le quart au moins de ce chiffre, perdu pour l'agriculture, va souiller les puits et les cours d'eau. L'emploi total de cet engrais représenterait une fumure de 100 fr. par hectare et par an, c'est-à-dire un apport de matières fertilisantes suffisant pour maintenir la fertilité du sol; tout excédent de dépenses en engrais se traduisant par un excédent de production.

L'intérêt de ces questions, tant au point de vue hygiénique qu'agricole, a conduit l'auteur à réunir dans ce petit volume d'utiles conseils sur la confection du fumier, l'établissement des fumières et citernes à purin, la production en fumier et purin des divers animaux, l'emploi de ces engrais naturels.

Signalons la quantité énorme d'eau qui doit être transportée aux champs avec le fumier, puisque celui-ci en contient en moyenne 75 % et 0,5 % d'azote.

L'auteur n'indique pas que des améliorations aient été tentées pour réduire cette masse tout en améliorant la teneur de l'engrais en azote.   H. M. 7229. 8. 15.

(1) En 1892 les 6.438.000 tonnes d'animaux vivants auraient pu produire 141.636.000 tonnes de fumier.

      691.151.1

C. 269-58878. — Conservation des bois (1) (procédé par imprégnation d'huile Kruskopf).

1913. *Paris. L'Écho des Mines et de la Métallurgie, n° 2375, 17 mai, pages 458 à 461 (2.800 mots environ) (3 figures) (2 fr.).*

Les éléments constitutifs du bois se divisent en deux catégories : les parties ligneuses, auxquelles appartiennent les constituants solides, et l'essence du bois qui est la sève même, solution de principes nutritifs montant des racines. Lorsque le bois est vert, les substances ligneuses et la sève sont sujettes à des fermentations déterminées par des bactéries et des moisissures qui le détruisent rapidement; à ces agents de destruction, il faut ajouter l'action de l'eau, de l'oxygène de l'air, des poussières atmosphériques, et même, et surtout, l'influencedes aci des inhérents à la nature même du bois ou introduits dans celui-ci par le choix de produits impropres à la conservation (acide sulfurique des sulfates de fer ou de cuivre, acide chlorhydrique du chlorure de zinc).

Les moisissures les plus dangereuses sont le champignon des maisons ou mérule et la pourriture sèche; l'excès et le manque d'eau sont également préjudiciables au développement de ces champignons; les boisages des mines très sèches ou très humides sont en effet rarement attaqués. La température la plus favorable au développement du mérule est de 17 à 19° C.; la pourriture sèche se développe à 15°. Il faut distinguer le mycélium se développant à la surface du bois, de celui qui se développe à l'intérieur. Ce dernier ou mycélium ligneux correspond à la racine de la plante qui nourrit le tissu ligneux, tandis que le premier ou mycélium aérien correspond à la partie de la plante extérieure au sol. Le mérule ne se trouve presque jamais sur des arbres vivants; on ne l'a constaté que dans des cas tout à fait exceptionnels et dans lesquels sa présence était localisée aux racines.

Il résulte de ce qui précède que dans la préservaiton des bois, il faut chercher à protéger les parties externes ainsi que les parties internes rendues accessibles à l'air par des fissurations existantes ou artificielles. L'imprégnation par l'huile offre pour la conservation de l'aubier de si notables avantages que les solutions salines doivent être considérées comme bien inférieures. On a le maximum de sécurité en employant des huiles dans lesquelles ont été préalablement dissous les éléments antiseptiques. Il n'y a pas lieu, dans ce cas, de poursuivre l'imprégnation jusqu'au cœur de l'arbre; celle-ci n'est nécessaire que lorsqu'on emploie des produits de conservation solubles dans l'eau et n'empêchant pas l'accès de l'humidité.

Les partisans de la conservation par les solutions salines ont beaucoup exagéré le prétendu danger d'inflammabilité des bois imprégnés d'huile. Le point d'inflammabilité des huiles employées dans le procédé Kruskopf étant de 250° C., cette température a peu de chance de se rencontrer dans les endroits où sont employés les bois imprégnés. Dans le cas de l'imprégnation par sels métalliques, l'auteur discute la valeur de la réaction dite réaction bleue. Généralement, on prélève à la scie, près de l'extrémité, un échantillon dont on traite la partie interne par un acide

(1) Sur les divers procédés employés pour la conservation des bois, voir le *M. C. E.*, 1909, p. 152; 1910, p. 87, 123; 1911, p. 38, 59, 99, 118; 1912, p. 21, 174, 191. — Voir aussi le *M. M. M.*, 1909, p. 74; 1910, p. 16; 1912, p. 25, 151.

donnant une coloration bleue intense sur les parties imprégnées par la solution saline, mais il est parfaitement admissible que la lame de la scie apporte jusqu'aux régions internes non imprégnées des particules arrachées aux régions externes imprégnées, il est évident qu'alors l'essai perd toute sa valeur. Pour qu'il soit logique, il faut choisir sous un contrôle des bois de quelques mètres de longueur et d'épaisseur proportionnelle, dont le cœur et l'aubier sont de structure normale, imprégnés de solution saline suivant le mode habituel. On fend alors le bois dans le sens de la longueur à l'aide de coins et on essaie la réaction bleue sur les points non touchés par les coins, au milieu de la pièce et aux extrémités. L. B. 3768. 8. 17.

RÉFÉRENCE

Chaney. 662.74
C. 270-61835. — Étude sur la carbonisation dans les fours à coke.

1913. *Londres. Journal of Gas Lighting,* n° 2615, 24 *juin, pages* 938 à 947 (14.900 *mots environ*) (11 *figures*) (2 *fr.* 50). 8. 9.

CHIMIE PURE ET ANALYTIQUE

Marcel Gérard. 542.3
C. 271-59027. — Méthode simple pour déterminer la densité des poudres minérales, système Billy.

1913. *Paris. La Revue Industrielle,* n° 18, 3 *mai, page* 241 (800 *mots environ*) (2 *figures*) (1 *tableau*) (2 *fr.*).

M. Billy a perfectionné les différentes méthodes employées pour prendre la densité des matières pulvérulentes en faisant disparaître l'enveloppe gazeuse qui les enveloppait pendant ces mesures qui se trouvaient ainsi longues, délicates et entachées d'erreur.

Pour cela, il opposa aux forces capillaires une force d'affinité chimique énergique, en remplaçant l'eau généralement employée par une liqueur de potasse bouillie à peu près normale et l'air du flacon à densité par de l'acide carbonique maintenu dans des conditions de température et de pression toujours identiques. M. Billy a (Voir figure) construit un appareil destiné spécialement à ces mesures.

Par le robinet latéral se fait le vide ou l'arrivée de gaz carbonique; par le robinet à pointeau central arrive la liqueur alcaline au moment opportun. Quand le picnomètre est plein jusqu'à la naissance du col, on enlève l'appareil remplisseur et l'on termine comme dans les opérations classiques de la méthode du flacon (on a donné au flacon la forme d'un tube de centrifugeuse, ce qui permet de l'appliquer commodément aux poudres difficiles à décanter). On prend la densité de la liqueur alcaline par rapport à l'eau à 4° dans les mêmes conditions où l'on a opéré avec la poudre, c'est-à-dire qu'on l'introduit dans le flacon plein de gaz carbonique. On peut considérer que la densité de la liqueur reste constante pendant 15 jours.

Pour déterminer l'exactitude de la méthode, on se servit de verres d'optique non trempés, fournissant des poudres bien homogènes dont on avait à l'état de blocs pris la densité et qui furent ensuite pulvérisés. On atteignit ainsi une approximation de 1/3.000°, tandis que pour les autres procédés elle ne dépasse guère 1/300°. V. G. 5946. 9. 2.

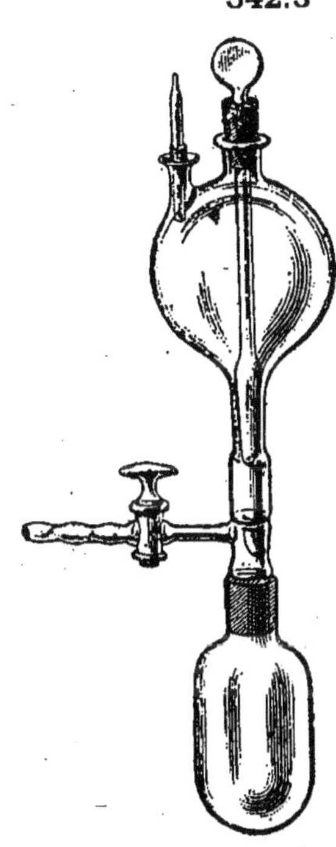

Fig. 1. (663r

Appareil
pour déterminer la densité
des poudres minérales.

RÉFÉRENCES

Chercheffsky. 662.231.212.06
C. 272-61515. — Analyse des acétates d'amyle et des collodions.

1913. *Paris. Le Caoutchouc et la Gutta-Percha,* n° 112, 15 *juin, pages* 7375 à 7387 (6.300 *mots environ*) (3 *tableaux*) (3 *fr.*). 9. 3.

Brown et Clubb. 63.345.11 : 615.778
C. 273-59707. — Sur les propriétés antiseptiques du houblon (d'après *Journal of the Institute of Brewing.* 1913, page 261).

1913. *Paris. Annales de la Brasserie et de la Distillerie,* n° 9, 10 *mai, pages* 195 à 206, (11.500 *mots environ*) (13 *tableaux*) (1 *fr.* 50). 9. 8.

Août 1913

MATÉRIEL CHIMIQUE INDUSTRIEL

668.511

C. 274-60584. — Critique des alambics actuels pour parfumerie.

1913. *Lyon. La Parfumerie moderne, n° 5, mai 1913, pages 57 à 59 (2.400 mots environ) (2 fr.).*
L'auteur avait montré précédemment que certains alambics, très courants, pouvaient expliquer les mauvais rendements obtenus à la distillation.

On s'est contenté de copier pendant longtemps les alambics à distiller l'alcool; mais si l'alcool *s'élève* rapidement dans l'alambic, les huiles sont plus difficiles à *élever* et on sait que plus l'huile essentielle séjourne dans l'alambic, plus elle se détériore.

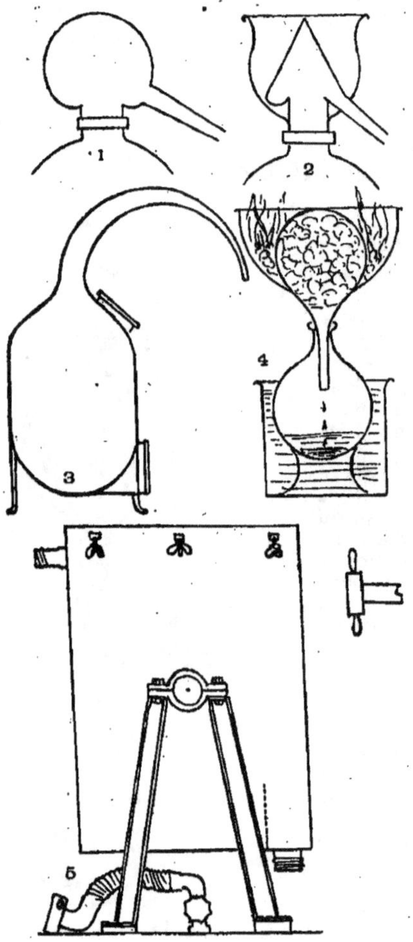

C'est ce fait qui avait guidé les inventeurs de l'alambic arabe, dit à tête de Maure, qui, anciennement, ne comportait pas de réfrigérant. Le chapiteau exposé à l'air condensait une grande partie des vapeurs, qui se réunissaient à l'état liquide dans une sorte de gouttière pratiquée à la base du chapiteau (fig. 1).

Cet alambic fut perfectionné, le chapiteau fut enveloppé d'eau froide (fig. 2).

Dans les appareils modernes qui permettent une distillation rapide, on a oublié le principe du chapiteau à tête de Maure.

C'est avec les appareils du modèle ancien qu'on distille la rose dans les Balkans, et on y obtient un meilleur rendement qu'à Grasse.

Le col de cygne semi-circulaire (fig. 3) condense beaucoup de vapeur et prolonge ainsi la durée de l'opération en risquant d'altérer l'huile. De plus, dans ces appareils, on a presque toujours un mauvais entraînement de l'essence.

Ces inconvénients du col de cygne sont en partie supprimés par l'emploi de la vapeur à haute pression, mais son emploi est encore très rare.

Les cols dits *droits* possédant une légère pente ascendante doivent être écartés. Il faut également éviter les grands chapiteaux coniques. On sait que les vapeurs constituant les huiles essentielles sont lourdes, qu'elles s'entraînent difficilement et qu'il faut un temps anormal pour arriver à retirer les huiles essentielles des bois, par exemple :

L'alambic *per descendum* des alchimistes (fig. 4) facilitant le départ rapide de la vapeur par la partie inférieure, et c'est sur son principe qu'on devrait établir les appareils actuels.

L'appareil idéal serait composé d'une chaudière qui, pendant la distillation, serait horizontale (fig. 5).

L'arrivée de la vapeur se fait à la partie inférieure.

L'ajutage de départ prend à la partie supérieure.

Dans cet alambic, on a supprimé le trou d'homme qui ne permet pas, toujours de disposer convenablement les matières à distiller, à l'intérieur de l'alambic.

Dans cet appareil, la manœuvre est facile, car la chaudière s'ouvre largement; on peut tasser régulièrement les fleurs à distiller et on ne risque pas, ainsi, de voir se produire des chemins directs de vapeur qui laissent une partie des plantes sans contact avec la vapeur.

En résumé, il y a intérêt à employer des chaudières à distiller de forme basse, horizontales, se chargeant à pleine ouverture, sans trou d'homme.

L'essence obtenue sera plus riche en produit résineux, mais on obtiendra un rendement maximum, et il sera préférable de rectifier, ensuite, dans des appareils perfectionnés, l'essence obtenue.

P. R. 5490. 10. 3.

6676)

Fig. 1 à 4.
Dispositifs divers.

Fig. 5. — Alambic horizontal
proposé comme type idéal.

Le Directeur-Gérant : P. RENAUD.

NANCY-PARIS, IMPRIMERIE BERGER-LEVRAULT

Petites Annonces Techniques

Ces annonces sont réservées aux offres et demandes d'emploi, de matériel, de livres, de brochures, de brevets, etc.

TARIF : 0 fr. 60 la ligne de 48 lettres ou signes pour les offres et demandes d'emploi, de livres et brochures.

1 fr. 50 pour les brevets, demandes et offres de capitaux, ventes de matériel, ventes de mines et minerais, demandes et offres d'usines ou de force motrice.

Pour permettre à nos abonnés d'entrer en relation tous les Bons-primes remis en remboursement de l'abonnement du M. S. I. sont acceptés en paiement.

★ Ce signe signifie que le M. S. I. a contrôlé les références du candidat et le recommande spécialement.

Demandes d'Emplois.

Conducteur Travaux Publics colonies chef de section d'études, connaissant pratique, études et travaux chemins de fer, levers tachéométriques, cherche situation dans industrie. Écrire A. M. B. Bureau central, Paris.

Représentant, abonné à *M. S. I.*, très bien introduit dans tous commerces et industries ayant bureaux à Alger et à Oran, demande représentation de tous articles. Écrire F. Saget, 21, rue des Jardins, Oran.

Ingénieur E. I. M. lic. ès sciences, sous-directeur importante fabrique acide sulfurique et superphosph. parlant parf. l'espagnol, cherche direction France ou étranger. Écrire au Journal Pb. 204.

Ingénieur chimiste actuellement sous-chef de laboratoire d'une grande usine métallurgique russe, cherche situation en France ou à l'Étranger dans branche quelconque. Excellentes références. Écrire Bureau du Journal PB. 221.

Ingénieur électricien 28 ans, dipl. et breveté, ayant dirigé petite usine générat. réseau et batterie d'accus, cherche place analogue, préférence région Pyrénées. Prét. 250 fr. Réf. Écrire Poirier chez Mme Bergon, 15, r. Paris, Nice.

Ingénieur attaché dans charbonnage du Hainaut, nombreuses relations industrielles recherche supplément de revenus. Écrire B., Rue de Bouzanton, n° 7, à Mons.

Ingénieur civil des mines jeune, actif, références, recherche situation en France, prétentions modestes, Écrire au Journal PB. 233

Offres d'Emplois en tous genres.

Ingénieurs ou praticiens connaissant à fond l'émaillage en tous genres et pouvant disposer de quelques heures par semaine, ont intérêt à s'affilier à l'Institut du *M. S. I.* Écrire Bureau du Journal.

Huilerie, pétrole, graisses de toute nature. On demande Ingénieurs ou Praticiens connaissant à fond cette question et pouvant disposer de quelques heures par semaine. Écrire Bureau du Journal PB. 227.

Celluloïd, matières plastiques, nacre artificielle. On demande Ingénieurs ou Praticiens connaissant à fond cette question et pouvant disposer de quelques heures par semaine. Écrire Bureau du Journal PB. 236.

Carbonate de soude. Concessionnaire exclusif pour la fabrication du carbonate de soude en Portugal, sollicite avant-projets et propositions pour construction de l'usine, recherche directeur et contremaîtres ayant connaissances pratiques de cette industrie (procédé de l'ammoniaque). Écrire à M. Lugan à Povoa de Santa Iria, Portugal.

Feutrerie. On demande Ingénieurs ou Praticiens connaissant à fond cette question et pouvant disposer de quelques heures par semaine. Écrire au Bureau du Journal PB. 241.

Cartonnerie. Ingénieurs ou Praticiens connaissant à fond cette question et pouvant disposer de quelques heures par semaine ont intérêt à s'affilier à l'institut du *M. S. I.* Écrire Bureau du Journal PB. 240.

Expertise Mines de charbons et Métallurgiques, Carrières. On demande Ingénieurs ou Praticiens connaissant à fond cette question et pouvant disposer de quelques heures par semaine. Écrire Bureau du Journal PB. 239.

Métallurgie, étain, zinc, plomb, cuivre. Ingénieurs ou Praticiens connaissant à fond ces questions et pouvant disposer de quelques heures par semaine ont intérêt à s'affilier à l'Institut du *M. S. I.* Écrire Bureau du Journal PB. 238.

On demande Ingénieurs ou Pratriciens connaissant à fond la fabrication du verre et de la céramique et pouvant disposer de quelques heures par semaine. Écrire Bureau du Journal PB. 237.

Ventes et Achats de Livres.

Mois Minier. On rachèterait à bon prix tous fascicules du Mois Minier et Métallurgique du 10 février 1905. Écrire au Journal.

Occasion. A vendre, années 1907, 1908, 1909, 1910, 1911 reliées et 1912 brochée du *M. S. I.* très bon état, au lieu de 180 fr. : 98 fr. Écrire au *M. S. I.* : ab : 2686.

Revues techniques. On demande collections même incomplètes de toutes les Revues techniques importantes françaises ou étrangères. Adresser offre au Bureau du Journal Pb : 196.

Achat et Vente de Minerais

Minerais. On achète et vend tous minerais, relations particulièrement intéressantes. Écrire au Journal A. N. 11.

Ventes de Brevets.

Pompe sans piston fonctionnant par air comprimé et vide, particulièrement appropriée au transvasement des liquides corrosifs. Brevet à céder. Ecrire bureau du Journal B. T.9507.

Offres de Capitaux.

Capitaux sont offerts pour développer affaires industrielles ou commerciales existantes donnant déjà des résultats. Écrire bureau du Journal A. N. 2.

Signaler le M. S. I. en écrivant est une recommandation.

LES ÉTABLISSEMENTS **POULENC FRÈRES**

122, Boulevard Saint-Germain — **PARIS**

Section des Produits et Appareils de Laboratoires
Ateliers de Construction d'Instruments de précision

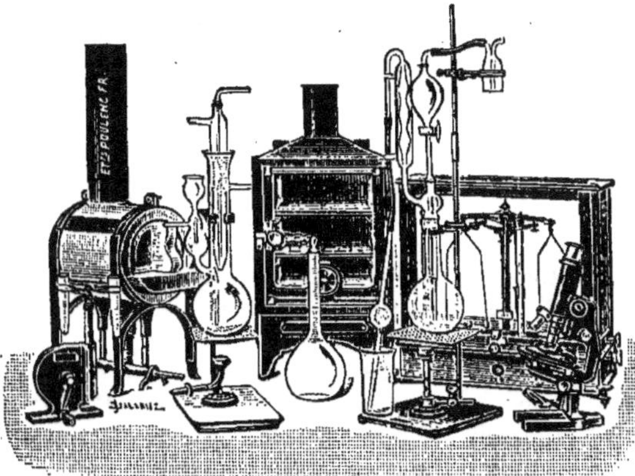

PRODUITS CHIMIQUES PURS
Réactifs, Liqueurs titrées

VERRERIE ORDINAIRE ET GRADUÉE

DENSIMÈTRES

THERMOMÈTRES

APPAREILS
chauffés au gaz, au pétrole, à l'électricité

APPAREILS POUR L'ANALYSE DES GAZ

Appareils pour l'essai des huiles

APPAREILS DE CONTROLE ENREGISTREURS POUR INSTALLATIONS INDUSTRIELLES

Pb. 46-5 — 4-13

Aux Industriels.

Les chargeurs automatiques
Underfeed Stoker
sont les plus rationnels
les plus simples
les plus robustes.
Ils s'appliquent à tous les
genres de chaudières et
s'accommodent de tous
les combustibles en procurant
économie et uniformité.
Demandez un devis à la
Société Anonyme
des
Foyers automatiques
rue de Sévigné
à Roubaix.

2.

Ph. 105

═ ATELIERS DE ═
CONSTRUCTIONS ÉLECTRIQUES

VEDOVELLI,
PRIESTLEY & Cie

160-164, rue St-Charles
PARIS

GRANDS PRIX : Paris, Marseille, Turin.
HORS CONCOURS : Bruxelles.

APPAREILLAGE ÉLECTRIQUE

TRANSPORTS DE FORCE

TRACTION
haute et basse tension

ISOLANTS MOULÉS

APPAREILS DE DÉMARRAGE
automatiques et à main

Pb. 794-1 — Disjoncteur Robur — 12-12

Signaler le M. S. I. en écrivant.

Congrès.

2ᵉ Congrès de Motoculture. — Soissons, 22-31 août 1913.

Les travaux de ce congrès seront divisés en deux sections : section agronomique et section mécanique.

La section agronomique tiendra des réunions pendant les deux premiers jours. Ses travaux auront pour but de préciser, suivant la composition des terres, la nature des cultures et la situation climatérique, les conditions les plus rationnelles, — au point de vue agronomique, — dans lesquelles doit se faire l'ameublissement.

La section mécanique fonctionnera les trois autres jours. Le but de ses travaux sera d'encourager la construction de machines réellement pratiques pour les travaux d'ameublissement du sol, la récolte, le transport et la préparation des produits, par la détermination de la force motrice la plus économique et des conditions que doivent remplir le moteur, les accessoires, les transmissions et autres organes du véhicule moteur pour produire le plus grand rendement avec la moindre dépense.

Congrès international pour la Protection des intérêts des fabricants d'huiles européens. — Le comité et le congrès international qui s'étaient réunis cette année à Paris, du 27 au 29 mars, ont choisi Dusseldorf comme lieu de leur prochaine rencontre, en 1914.

Expositions.

Ideal Home Exhibition. — Le journal *Daily Mail* organise, du 9 au 25 octobre 1913, dans le vaste hall de l'Olympia, une exposition internationale d'habitations modèles, bungalows, appartements aménagés suivant les derniers développements et les meilleurs méthodes de chauffage, d'éclairage et de décoration.

Des prix sont offerts en concours aux architectes : pour les meilleurs dessins d'un cottage ouvrier, d'une paire de cottages et d'un bungalow; au meilleur tracé de jardin convenant à une maison de ville; le projet primé sera reproduit en miniature; des encouragements sont réservés aussi à l'ameublement.

Les communications intéressant cette exposition sont reçues au *Daily Mail*: Ideal Home Exhibition, 130, Fleet Street, London E. C.

Une Exposition d'Art français au Brésil. — Une exposition d'art français s'ouvrira au Brésil, le 7 septembre prochain, jour anniversaire de l'Indépendance et date à laquelle de grandes fêtes auront lieu dans le pays. Cette exposition comprend trois sections : une section des beaux-arts (peinture, sculpture, architecture et gravure), une section d'art décoratif et une section d'art rétrospectif, conçue sous une forme tout à fait nouvelle. Les objets de cette dernière section restent acquis au Comité d'organisation au Brésil et constitueront le commencement d'un musée permanent pour l'enseignement de l'art. L'exposition doit durer exactement un mois. Cette exposition est faite sous le patronage et avec le concours du Gouvernement de l'État de Saint-Paul et elle est organisée par les soins du Comité central France-Amérique de Paris et de son comité correspondant, à Saint-Paul. Le grand essor que prend actuellement l'État de Saint-Paul et la richesse de cette ville permettent d'espérer un gros succès pour cette exposition, qui développera encore le goût de l'art et des choses françaises au Brésil.

L'Exposition du « Deutsche Werkbund », qui se tiendra à Cologne, en 1914, promet d'être une manifestation artistique des plus remarquables. Des mécènes colonais ont rassemblé un fonds de garantie de 1 million et demi et la ville de Cologne accorde les terrains et un subside de 625.000 fr.

Cette exposition comprendra les divisions suivantes : I. Œuvres choisies des temps anciens et modernes; II. Expositions séparées de l'œuvre de quelques artistes; III. Art manuel et industriel; IV. Manifestations diverses de l'art industriel dans les domaines de l'architecture et de la construction des villes, de l'art religieux et mortuaire, de l'art des jardins, de l'art féminin; on montrera également les progrès de l'art dans le domaine des sports, du commerce, des constructions coloniales, de l'habitation ouvrière. On construira une maison à étages pour gens aisés, un village rhénan, où l'on mettra en relief les résultats obtenus par l'« Heimatschutz » ou « Société pour la Protection du beau national », et la « Bauberatung », organisme qui donne des conseils gratuits à ceux qui se proposent de bâtir. La Vᵉ section s'occupera de l'éducation artistique, et la VIᵉ de l'habitation autrichienne.

Dans un pavillon isolé, le professeur Deneken, de Krefeld, exposera sa théorie des couleurs et montrera l'harmonie des teintes répandues dans la nature. L'industrie des produits colorants trouvera même l'occasion d'exposer ses produits et de montrer leur résistance aux effets de l'air.

Au milieu d'une roseraie s'élèvera le Palais de la femme, où seront exposés des costumes artistiques et des travaux d'art féminin.

La section de l'art dans le commerce sera constituée par une série de boutiques décorées par des artistes. Tout y sera l'objet de leurs soins, jusqu'à l'emballage des produits vendus.

Exposition internationale du caoutchouc en 1914. — Un congrès et une exposition internationale du caoutchouc auront lieu à Batavia (Indes Néerlandaises), en septembre 1914.

Pour tous renseignements, s'adresser au commissaire du Gouvernement, M. Lovink, directeur de l'Agriculture, de l'Industrie et du Commerce, à Batavia.

Exposition organisée à l'occasion du XIᵉ Congrès international de pharmacie de La Haye. — *Programme et règlement.* — Une exposition de dessins et de photographies de pharmacies et de laboratoires aura lieu, à l'occasion du XIᵉ Congrès international de pharmacie, au Kurhaus de Scheveningen, du 17 au 21 septembre 1913. On pourra exposer aussi d'autres objets ayant trait à l'art pharmaceutique.

Voyez à la fin des pages vertes les " Nouveaux Catalogues du Mois ".

Les feuilles vertes du M. S. I. doivent être lues en entier.

Enseignement Industriel et Commercial

École Supérieure de Sciences Économiques et Commerciales. — 12, rue du Luxembourg, Paris.

Cette école prépare aux carrières industrielles et financières ou commerciales. Les études y sont réparties en trois années. Pendant la première et la deuxième année, les étudiants sont tenus à suivre tous les cours. La scolarité est facultative pendant la troisième année; les étudiants peuvent suivre un ou plusieurs cours.

Un livret, comprenant tous les renseignements sur le service intérieur de l'école, le règlement, les programmes détaillés des cours, les prix et conditions, sera adressé à toute personne en faisant sa demande.

La rentrée pour l'exercice 1913-1914 est fixée au 4 novembre.

École Supérieure pratique de Commerce et d'Industrie. — 79, avenue de la République, Paris.

Cette école, fondée en 1820, peut être considérée comme le type accompli de la grande école commerciale moderne. Son but est de former des employés supérieurs, des directeurs ou des chefs de maison pour le commerce général ou d'exportation, la banque, l'industrie et les grands services publics.

La durée des cours est de trois années pour le degré moyen. Le degré supérieur comporte, en outre, deux années supplémentaires de cours; il comprend les mêmes matières que les hautes études commerciales.

Les prix pour la pension, la demi-pension et l'externat sont respectivement de 1.250, 618, 310 fr. pour les première, deuxième et troisième années, et de 1.455, 723 et 415 fr. pour les quatrième et cinquième années. Le programme est envoyé sur demande adressée au Directeur.

École pratique de Chimie Industrielle. — 4, rue Saint-Fargeau, Paris.

Le but de l'école est de préparer les jeunes gens aux études de chimie théorique et pratique. Les cours comprennent des conférences sur la chimie pure et appliquée, des travaux pratiques au laboratoire sur les différents sujets enseignés, des exercices théoriques complémentaires. L'enseignement est généralement individuel, c'est-à-dire que pour chaque élève on peut établir un programme déterminé pour les études et suivre ce programme jusqu'à son achèvement.

Les élèves, dont le nombre est volontairement limité, sont donc guidés individuellement dans tous leurs travaux pratiques et théoriques. Les études sont payantes. La nature de l'enseignement permet de recevoir les élèves à tous les degrés de préparation. L'âge minimum d'admission est de quinze ans.

École Supérieure d'Aéronautique et de Construction Mécanique, 92, rue de Clignancourt, Paris.

Cette école, industrielle supérieure, a été fondée en 1909. Son but est de former des ingénieurs pour les industries mécaniques en général et plus spécialement pour l'aéronautique, l'automobile et l'industrie frigorifique. Son enseignement porte principalement sur les moyens de production de la force motrice, base de toutes les industries.

L'instruction théorique est menée parallèlement à une forte éducation pratique conforme aux exigences de l'industrie moderne.

L'école ne reçoit que des externes. Les candidats aux examens d'entrée doivent être âgés de dix-huit ans au moins au 1er novembre de l'année des examens.

Les élèves diplômés des hautes écoles de l'État sont dispensés d'examens d'entrée.

Les frais d'étude sont, pour les élèves réguliers, de 1.100 fr. Les auditeurs libres paient de 200 à 300 fr. par cours, suivant les cours suivis.

École Bréguet. — 81 à 89, rue Falguière, Paris.

Le nom même de l'école Bréguet, fondée en 1904, indique l'esprit à la fois scientifique et pratique de son enseignement, qui participe à la fois de l'enseignement des écoles des Arts et Métiers et de celui de l'École centrale. Il prépare les jeunes gens à la pratique des industries électriques et mécaniques.

A la fin de leurs cours, les élèves de l'école, tout en possédant bien ce qu'ils y ont appris, se montrent, en outre, capables d'en faire une application intelligente et raisonnée. Les cours sont divisés : 1° en cours préparatoires : première, deuxième et troisième années (toutefois, les élèves qui entrent dans le cours préparatoire sont versés dans l'une ou l'autre de ces trois années, suivant le niveau de leur culture générale) : 2° en cours normal où les études exigent une durée de deux ans. L'enseignement est complété, pour les élèves du cours normal, par des visites dans les usines, ateliers, mines. Les élèves qui désirent, à la fin de leurs études, concourir pour l'École supérieure d'électricité ou pour les Instituts électrotechniques de Grenoble, Nancy, etc., trouvent dans le programme de deux années normales, le développement des matières nécessaires à ces concours.

L'école reçoit des pensionnaires, demi-pensionnaires ou externes. La demande d'admission doit être adressée à la direction.

Les prix de scolarité sont respectivement, pour les internes, demi-pensionnaires et externes, de :

1.500, 1.100 et 850 fr. pour les première et deuxième années;
1.550, 1.150 et 900 fr. pour la troisième année;
1.600, 1.200 et 950 fr. pour les cours normaux.

L'année scolaire commence dans les premiers jours d'octobre. A noter que les industriels peuvent toujours s'adresser à l'école Bréguet pour recruter un personnel également instruit dans la théorie et la pratique et possédant un diplôme sérieux.

GINDRE-DUCHAVANY & Cᴵᴱ
LYON — 18, Quai de Retz. — LYON

MATÉRIEL ÉLECTRIQUE, Système C. LIMB, Breveté S. G. D. G.

Applications générales de l'Électricité
ÉLECTRO-CHIMIE
Dynamos spéciales — Accumulateurs à décharge intensive.

Pb. 151

ÉPURATION, DÉFERRISATION & STÉRILISATION
des Eaux Industrielles

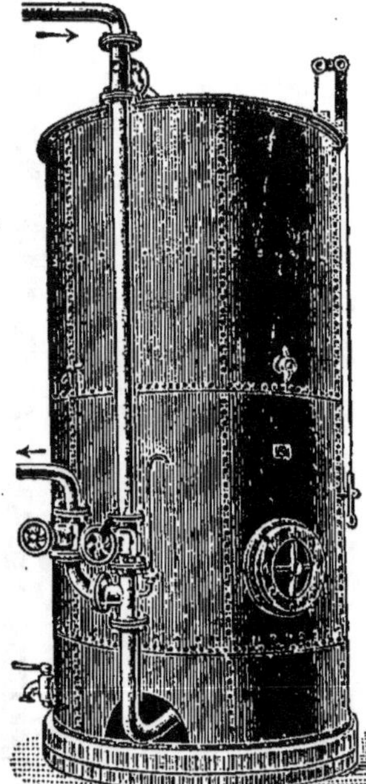

par les FILTRES à PERMUTITE

ANALYSE
et DEVIS
GRATUITS

*pour l'alimentation des chaudières,
les Industries chimiques, Papeteries,
Distilleries, · Lavages de laines,
soies, etc., Teintureries, Lavoirs, etc.*

BROCHURE
: : : sur : : :
DEMANDE

Seule, LA PERMUTITE réduit les eaux à **zéro
degré hydrotimétrique**, empêche toute formation
de tartre et dépôts, sans perte de la matière fil-
trante. — Economie considérable de savon. —
Surveillance et encombrement réduits au minimum

"La PERMUTITE et le LUMINATOR"

Société Anonyme au Capital de 256,000 francs

76, boulevard Haussmann, — PARIS

Téléphone : **101-88.**   Adresse télégraph. : Permutite Paris.

Pb. 3786-1 — 1-13

Le Mois Scientifique et Industriel

TARIF DE PUBLICITÉ

Le plus lu des Journaux
Techniques français

	PAGES ORDINAIRES				PAGES DE GARDE		
	NOMBRE D'INSERTIONS				NOMBRE D'INSERTIONS		
	12	6	3	1	12	6	3
Page entière 13 × 21	600ᶠ	325ᶠ	175ᶠ	75ᶠ	800ᶠ	450ᶠ	250ᶠ
1/2 page 13 × 10	325	180	100	50	450	250	150
1/3 de page 13 × 7	240	135	75	35			
1/4 de page 6 × 10	180	100	55	25	250	150	90
1/8 de page 6 × 5	100	60	35	15			

P. M. S. I. — 4-13

Lunettes d'atelier contre les
éclats, les poussières. Prix :
3 fr. 50 ; la lumière. Pr. : **4 fr.**
Lunettes de route (automobi-
les, bicyclettes, etc. Pr. : **10 fr.**
Respirateur contre les poussières. Prix : **6 fr.**
Du Dʳ DÉTOURBE, *Lauréat de l'Institut* (Prix Montyon,
arts insalubres. — VᴇNᴛᴇ : **Goulart et Cⁱᵉ**, 35, rue de la
Roquette, PARIS. — *Notice franco.*   Pb. 198-1 — 1-13

LUNETTES
de PROTECTION

Envoi du...
Catalogue...
général franco
sur demande.

Lunettes Chemins de fer, Burineurs,
Meuleurs émeri, Soudure autogène
Masque respirateur Lunettes casseurs
de pierre, etc., etc. : : : : : : : : :

C. HUMBERT, Avon (Seine-et-Marne)

Pb 3.711-1

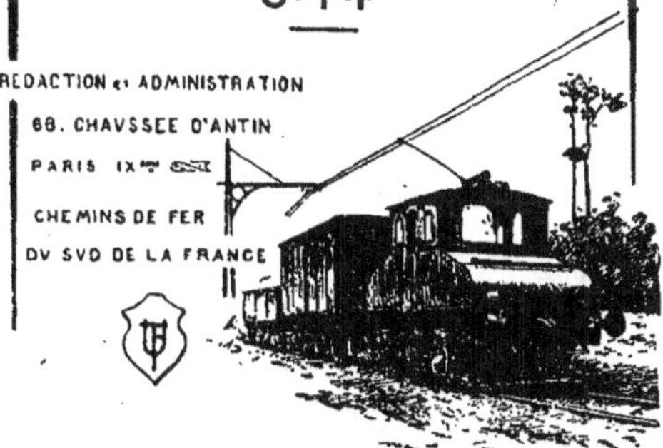

LES CHEMINS DE FER
D'INTERET LOCAL ET
LES TRAMWAYS
Revue Mensuelle
ORGANE DE L UNION TECHNIQUE
DES
CHEMINS DE FER D'INTERET LOCAL
ET TRAMWAYS DE FRANCE
U·T·F
REDACTION et ADMINISTRATION
68. CHAVSSEE D'ANTIN
PARIS IXᵀ
CHEMINS DE FER
DV SVD DE LA FRANCE

L'INDUSTRIE DES TRAMWAYS & Chemins de Fer
15, rue de Madrid
PARIS (VIII)
Publication mensuelle
technique - administrative -
- commerciale -
Jurisprudence - Revue des Périodiques - Statistique
pour la Publicité s'adresser aux Bureaux de la Revue — Tél. 560-58

Nouveaux Catalogues du Mois

(Pour recevoir ces brochures il suffit de les demander directement aux industriels, à titre de lecteur du M. S. I.)

E. BARBET et FILS et Cie.
Constructions de Distilleries industrielles et agricoles.

1913. Paris, 173, rue Saint-Honoré (24 pages, 28 fig.).
Très intéressante notice éditée par la Maison E. Barbet et fils et Cie pour présenter les nombreux procédés qu'elle applique dans toutes les industries de fermentation et de distillation. Les appareils décrits servent à la rectification continue des alcools, à l'emploi rationnel des levains purs, à l'évaporation à multiple effet sous pression ainsi qu'au traitement de la betterave, de la mélasse, des grains, et à l'utilisation de nombreux sous-produits.

A. W. ANDERNACH.
Hydrofuge pour ciment.

1913. Anvin (Pas-de-Calais) (16 pages, 20 fig.).
Notice présentant l'hydrofuge Awa et en donnant le mode d'emploi détaillé. Nous y trouvons des indications pratiques qui intéresseront au plus haut point toute personne faisant usage de mortier de ciment. Les applications du mortier isolant Awa sont ensuite énumérées en même temps que sont indiquées les précautions à prendre pour en assurer l'efficacité. Un chapitre est ensuite réservé à l'enduit Awa qui trouve également de nombreuses applications et peut rendre de grands services dans les cas si nombreux où il est nécessaire de lutter contre l'envahissement de l'eau. De nombreuses figures sont intercalées dans le texte et en facilitent la compréhension.

POULENC FRÈRES.
Voluménomètre pour la détermination des éléments charbonneux contenus dans les poussière des houillères.

1913. Paris, 122, boulevard Saint-Germain (12 pages, 6 fig.).
Les débris de charbon et de roches qui s'accumulent dans les galeries et chantiers des houillères sont susceptibles de s'enflammer lorsque la proportion de la poussière de houille dépasse certaines valeurs limites fixées par les essais.
Au procédé long précédemment employé pour connaître la proportion des poussières, il convient d'opposer un moyen très simple et suffisamment exact qui consiste à déterminer la densité des poussières parce que celles de la houille et des débris rocheux ne varient guère.
C'est l'appareil employé pour appliquer cette méthode que mettent en vente les Établissements Poulenc frères et qui est décrit dans la notice analysée.

T. TOURTELLIER et FILS.
Voies suspendues à trolleys.

1913. Belfort (6 pages, 6 fig.).
Les voies suspendues brevetées décrites dans cette notice sont constituées par une forte tôle d'acier recourbée, à double feuillure intérieure qui forme le chemin de roulement du trolley. La voie se compose de tronçons de 2 m. de longueur qui portent à leurs extrémités deux ergots repoussés à l'intérieur et qui s'engagent dans des nervures repoussées dans les suspensions estampées en tôle d'acier. Ces dernières servent à fixer solidement la voie à une poutrelle en fer. Différentes applications de ces voies sont indiquées sur cette notice; elles sont accompagnées de vues prises dans des ateliers ou usines diverses. Une importante liste de références figure aux pages 5 et 6.

MASON ROUSSELLE et TOURNAIRE.
Magnétos.

1913. Paris, 52, rue de Dunkerque (4 pages, 9 fig.).
Parmi les diverses magnétos décrites dans cette notice, nous signalerons :
Les magnétos étanches pour signaux, principalement à l'usage des mines; les magnétos pour appareils téléphoniques, petit, grand et très grand modèle; les magnétos grand modèle à courant continu ou à courant alternatif pour installations de cloches électriques et de signaux divers. Chacune de ces séries donne lieu à un tableau de caractéristiques et de prix. La quatrième page de la notice est réservée au sommaire des tarifs édités par la Maison Rousselle et Tournaire et concernant la téléphonie.

NOUVELET et LACOMBE.
Moteurs « Gardner ».

1913. Asnières, 6 bis, rue Denis-Papin (6 pages, 12 fig.).
Présentation des divers types de moteurs de la marque « Gardner ». Chaque série mentionnée comporte une vue en perspective accompagnée d'un tableau des forces des unités qu'elle comporte et des principales caractéristiques et applications.
Nous citerons : les moteurs horizontaux type H, 16 à 66 HP, à admission variable pour éclairage électrique; les moteurs verticaux type V de 1 à 11 HP, pour usages agricoles ou industriels; les moteurs horizontaux type F de 1/2 à 11 HP, pour petites installations industrielles et recommandés pour fonctionnement aux huiles lourdes; enfin, les moteurs au gaz pauvre à admission variable. Deux pages sont en outre réservées au moteurs verticaux à 2, 3 ou 4 cylindres spécialement recommandés pour éclairage électrique et pour l'équipement des bateaux.

Les Fils de A. PIAT et Cie.
Engrenages taillés à chevrons.

1913. Paris, 87, rue Saint-Maur (16 pages, 15 fig.).
Cet opuscule est exclusivement consacré aux engrenages taillés hélicoïdaux à chevrons. Nous y trouvons les engrenages « Kosmos » à dents à chevrons chevauchés, et les engrenages « Europa » et Gallia », à dents à chevrons continus taillées d'un seul trait dans la jante cylindrique.
Ces deux sortes d'engrenages tiennent une place importante dans la fabrication d'engrenages taillés de la Maison : Les Fils de A. Piat. Les premiers conviennent pour les charges moyennes et les très grandes vitesses de rotation. Les deux autres séries sont recommandées surtout pour les fortes charges et les vitesses un peu plus réduites. Cet opuscule comporte, indépendamment d'indications sur les types précités, un certain nombre d'applications les plus rationnelles de chacun d'eux.

MAISON BREGUET.
Condenseur à mélange avec éjecteur Bréguet.

1913. Paris, 10, rue Didot (4 pages, 2 fig.).
Ce condenseur est du type à colonne à courants parallèles. L'injection de l'eau réfrigérante se fait au moyen de buses munies d'une spirale spécialement étudiée en vue d'obtenir une fine pulvérisation et par suite une surface de contact extrêmement développée entre l'eau et la vapeur. La notice analysée indique les conditions d'établissement de la pompe d'extraction et décrit l'éjecteur utilisé dans l'appareil condenseur.
Un tableau des caractéristiques des divers modèles construits ainsi qu'une abaque des vides obtenus à différentes températures complètent cette intéressante notice

Pour recevoir franco les Catalogues dont le compte rendu est donné dans notre chapitre ═══ des " Nouveaux Catalogues du Mois ", utiliser les cartes postales ci-contre. ═══

CARTE POSTALE

Côté exclusivement réservé à l'adresse

Affranchir s. v. p.

(A adresser directement à l'industriel dont on sollicite l'envoi du document décrit)

CARTE POSTALE

Côté exclusivement réservé à l'adresse

Affranchir s. v. p.

(A adresser directement à l'industriel dont on sollicite l'envoi du document décrit)

CARTE POSTALE

Côté exclusivement réservé à l'adresse

Affranchir s. v. p.

(A adresser directement à l'industriel dont on sollicite l'envoi du document décrit)

Date_

A _

Veuillez m'envoyer votre Catalogue

relatif à _

et décrit dans le volume du mois de _

du " Mois Scientifique et Industriel".

Nom _

Occupation _

Adresse_

Date_

A _

Veuillez m'envoyer votre Catalogue

relatif à _

et décrit dans le volume du mois de _

du " Mois Scientifique et Industriel".

Nom _

Occupation _

Adresse_

Date_

A _

Veuillez m'envoyer votre Catalogue

relatif à _

et décrit dans le volume du mois de _

du " Mois Scientifique et Industriel".

Nom _

Occupation _

Adresse_

Annuaire-Dictionnaire Universel des Industries Automobile et Aéronautique

L'ANNUAL 1913 est divisé en 4 Parties nettement séparées, qui renferment :

☞ **1re Partie :** Un **Annuaire** *Alphabétique* comprenant les **Noms** et les **Adresses** des Agents, des Commerçants, des Constructeurs, *Français* et *Étrangers*, de l'Automobile (voitures, voiturettes, motocycles, poids lourds); — des Constructeurs d'aérostats, d'appareils d'aviation, de canots automobiles, etc.; — des Cercles, Clubs Sportifs, Chambres Syndicales, Syndicats d'Initiative, Unions Sportives, etc., de la France et de l'Étranger; — la biographie des Personnalités de l'Automobile, etc., l'ensemble étant rangé *par ordre alphabétique.*

☞ **2me Partie :** Un **Annuaire** *Méthodique* des **Professions,** comprenant 215 classes. — Chaque classe est divisée en 2 parties : " France ", — " Étranger ", *les villes étant rangées par ordre alphabétique.*

☞ **3me Partie :** Un **Dictionnaire** *pratique et technique de la Locomotion*, constamment tenu à jour, illustré de nombreuses gravures et donnant : l'explication des *Termes Techniques et Usuels* concernant les Arts de la Locomotion (Aérostats, Automobiles, etc.); — les Résultats des *Épreuves Sportives*; — les *Inventions* et *Nouveautés de l'année*; — en résumé, tous les *Renseignements utiles* sur ce qui a trait aux Arts aéronautique et automobile, en France et à l'Étranger.

☞ **4me Partie :** Un **Recueil** des **Listes des Membres** de l'Automobile-Club de France, des Automobile-Clubs des Départements, de l'Aéro-Club de France, des Aéro-Clubs des Départements, des Chambres Syndicales de l'Automobile et des Industries qui s'y rattachent, etc. et la liste des Aviateurs de France.

L'ANNUAL, composé et constamment tenu à jour d'après les renseignements fournis par les Industriels et les Commerçants *eux-mêmes*, est universellement reconnu comme étant l'ouvrage le plus considérable et le mieux documenté qui soit publié sur l'Industrie Automobile dans le Monde entier.

L'ANNUAL, 222, Boulevard Péreire, PARIS

Téléphone : 530-79

Prix : 12 francs, relié

(port en sus)

Signaler le M. S. I. en écrivant.

Les Chemins de fer

CHEMINS DE FER DE PARIS A LYON ET A LA MÉDITERRANÉE

L'Agenda P. L. M. 1913

C'est un document des plus intéressants, édité avec un soin tout particulier qui en fait une véritable publication de luxe.

Il renferme, cette année, des articles tout à fait remarquables de **G. Eiffel, G. d'Esparbès, H. Ferrand, L. J. Gras, M. Le Roux, F. Mistral, M. Ségur** et du regretté **Paul Mariéton** ; des nouvelles de **G. Courteline**, Commandant **Driant, Franc-Nohain, Willy** ; des illustrations de **Marcel Capy, Henriot, H. D. Naurac, Benjamin Rabier, etc...**, une série de cartes postales détachables, de nombreuses illustrations en simili-gravure et à la plume ; il contient aussi de magnifiques hors-texte en couleurs et en simili-gravure... et, enfin, une valse lente pour piano : *"Sur la Méditerranée"*, écrite spécialement pour l'Agenda, par le compositeur **Maurice Pesse.**

L'Agenda P. L. M. est en vente, au prix de **1 fr. 50**, à la gare de Paris-Lyon (Bureau de renseignements et Bibliothèques) dans les bureaux-succursales, bibliothèques et gares du réseau P. L. M. ; il est aussi envoyé par la Poste, sur demande adressée au Service de la Publicité de la Compagnie P. L. M., 20, boulevard Diderot, à Paris, et accompagnée de **2 fr.** (mandat-poste ou timbres) pour les envois à destination de la France, et de **2 fr. 50** (mandat-poste international) pour ceux à destination de l'étranger.

On le trouve également au rayon de la papeterie des Grands magasins du *Bon Marché*, *du Louvre*, *du Printemps*, *des Galeries Lafayette et des Trois-Quartiers*, à Paris.

CHEMIN DE FER DU NORD

PARIS-NORD A LONDRES

Vià CALAIS ou BOULOGNE

VOIE LA PLUS RAPIDE

Traversée maritime en 1 heure

PARIS-NORD A LONDRES

	1re 2e	Du 1er juill. au 31 oct. à titre d'essai. Semaine seulement.	1re 2e 3e	1re 2e	1re 2e	1re 2e 3e	1re 2e	1re 2e 3e
PARIS-NORD dép.	0h30 vià Calais		8h25 vià Boulogne	9h55 vià Calais	12h » vià Calais	14h30 vià Boulogne	16h » vià Boulogne	21h20 vià Calais
LONDRES .. arr.	10h15		15h25	17h10	19h05	22h45	22h45	5h43

LONDRES A PARIS-NORD

	1re 2e	1re 2e 3e	1re 2e	1re 2e	1re 2e 3e	1re 2e	Du 1er juill. au 31 oct. à titre d'essai. Semaine seulement.	1re 2e 3e
LONDRES .. dép.	9h » vià Calais	10h » vià Boulogne	11h » vià Calais	14h20 vià Boulogne	14h20 vià Boulogne	16h30 vià Calais		21h » vià Calais
PARIS-NORD arr.	16h40	17h20	18h20	21h16	23h25	23h25		5h40

NOTA. — Les indications concernant les heures étrangères sont données sous toutes réserves. — En prévision de modifications dans les horaires, consulter les tableaux horaires de la marche des trains, placés dans les gares.

CHEMINS DE FER DE L'ÉTAT

PARIS A LONDRES
via Rouen, Dieppe et Newhaven, par la Gare St-Lazare

Services rapides tous les jours et toute l'année (dimanches et fêtes compris)

Départ de Paris-Saint-Lazare à 10 h. 20 matin (1re et 2e classes seulement) et à 9 h. 20 soir (1re 2e et 3e classes).

Départs de Londres-Victoria (Compagnie de Brighton) à 10 h. matin (1re et 2e classes seulement), London-Bridge et Victoria à 8 h. 45 soir (1re 2e et 3e classes).

Trajet de jour en 8 h. 40.

Billets simples valables pendant 7 jours : 1re cl., **48 fr. 25** ; 2e classe, **35 fr.** ; 3e classe, **23 fr. 25**.

Billets d'aller et retour valables pendant un mois : 1re classe, **82 fr. 75** ; 2e classe, **58 fr. 75** ; 3e classe **41 fr. 50**.

Ces billets donnent le droit de s'arrêter, sans supplément de prix, à toutes les gares situées sur le parcours, ainsi qu'à Brighton.

Billets d'aller et retour valables pendant 14 jours délivrés à l'occasion des fêtes de Pâques, de la Pentecôte, de l'Assomption et de Noël

De Paris-Saint-Lazare à Londres et vice-versa : 1re classe, 49 fr. 05 ; 2e classe, 37 fr. 80 ; 3e classe, 32 fr. 50.

Pour plus de renseignements, demander le bulletin spécial du service de Paris à Londres que l'Administration des chemins de fer de l'Etat envoie franco à domicile sur demande affranchie adressée au Secrétariat de la Direction (Service de la Publicité), 20, rue de Rome, à Paris.

CHEMIN DE FER D'ORLÉANS

Facultés données aux voyageurs pour se rendre sur l'une des plages de Bretagne desservies par le réseau d'Orléans.

1o **Billets d'Aller et Retour individuels,** de toutes classes, **valables 33 jours,** faculté de prolongation moyennant supplément, délivrés du Jeudi qui précède la Fête des Rameaux au 31 Octobre à toutes les stations du réseau d'Orléans pour les plages de la Côte Sud de Bretagne, de Saint-Nazaire à Châteaulin.

Réduction de 20 à 40 o/o suivant la classe et le parcours.

2o **Billets d'Aller et de Retour collectifs de famille,** 1re, 2me et 3me **classes,** délivrés aux familles d'au moins trois personnes, de toute station du réseau à **toute station Balnéaire du réseau située à 60 kilomètres** au moins du point de départ.

a) Saison de Printemps

Du Jeudi qui précède la Fête des Rameaux au 15 Juin.

Validité : 33 jours, 2 prolongations facultatives de 15 jours moyennant supplément.

b) Saison d'Été

Du 15 Juin au 1er Octobre.

Validité : jusqu'au 5 novembre.

Réduction des aller et retour pour les trois premières personnes, de 50 o/o pour la quatrième et 75 o/o pour la cinquième et les suivantes.

Arrêts facultatifs à toutes les gares situées sur l'itinéraire.

Avantages spéciaux au chef de famille. Délivrance aux membres de la famille de cartes d'identité pour voyager isolément à demi-tarif entre le point de départ et le lieu de destination de leur billet.

Pour les membres de la famille au-dessus de trois personnes, faculté d'effectuer isolément leur voyage à l'aller et au retour en acquittant au guichet le prix d'un billet militaire.

ANNUAIRE DE L'ACHETEUR

Spécialement dressé à l'usage des Ingénieurs, des Industriels, des Entrepreneurs, etc.

Chaque *entrée* dans ce répertoire coûte 5 fr. par an et par ligne. La ligne comporte au maximum 35 lettres. Les insertions sont payables *par anticipation*. De nouvelles rubriques sont créées sur demande. 

Comment voulez-vous que je vous fasse des commandes si je ne vous connais même pas ?

(Devise américaine.)

Annuaire de l'Acheteur (*suite*).

Annuaire de l'Acheteur (*suite*).

Annuaire de l'Acheteur (*suite*).

Annuaire de l'Acheteur *(suite)*.

Voir la fin dans le n° suivant.

Publication spécialement destinée aux

Ingénieurs et Industriels

LE MOIS

Septembre 1913, N° 169

Le N° : 2 fr.

SCIENTIFIQUE

ET

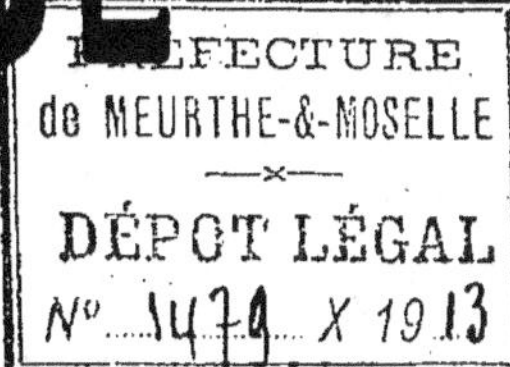

INDUSTRIEL

REVUE INTERNATIONALE D'INFORMATION

15e Année

Honoré d'une subvention de la Société d'Encouragement pour l'Industrie nationale et de l'Association française pour l'avancement des sciences.

ABONNEMENTS

	Éditions : ordinaire (Saumon)	pour fiches (Bleue)
FRANCE & BELGIQUE.	20 fr. »	25 fr. »
ÉTRANGER	25 fr. »	30 fr. »

(L'Édition pour fiches est imprimée sur un seul côté des pages.)

On s'abonne sans frais dans tous les bureaux de poste

Administration : *8 et 10, Rue Nouvelle, PARIS-9e*

Adresse Télég. **MSI-Paris**. — Code **AZ**. Français.

OFFICE BELGE : 7, passage Lemonnier, Liége

Pour consulter ce volume :

1° La Table des Matières est dans les pages vertes de tête. A-546

2° Les pages blanches (texte) sont divisées en trois parties :

    1re Partie : MÉCANIQUE, ÉLECTRICITÉ, GÉNIE CIVIL.
    2e Partie : MINES ET MÉTALLURGIE.
    3e Partie : CHIMIE, ÉLECTROCHIMIE.

Ce Numéro contient :

Une Circulaire de la **Société Métallurgique** *de Montbard-Aulnoye, à Paris.*

TURBINE HERCULE-PROGRÈS

4.000 Installations en marche

Roue motrice d'une Turbine de 750 HP, sous chute de 5,00, vitesse 75 tours.

Pb. 66-3 — 11-11

TURBINES modernes à grand rendement et grande vitesse, spéciales pour l'électricité.

TURBINES FRANCIS perfectionnées.

TURBINES PELTON pour chutes jusque 1.000 mètres.

RÉGULATEURS à pression d'huile, système breveté.

RÉGULATEURS à résistance hydraulique, à grande vitesse, pour accouplement aux turbines.

BARRAGES et SIPHONS automatiques, les seuls qui existent.

ÉTABLISSEMENTS SINGRÜN

Société Anonyme au capital de 1.500.000 fr.

Siège social : ÉPINAL (Vosges)

Usines et Bureaux : GOLBEY (Vosges)

GENEVET & C° FOYERS

AÉRO-ÉCONOMISEURS

37, boulevard Malesherbes, PARIS-8ᵉ

TÉLÉPHONE : 294-39

Permettent de

réduire la dépense de combustibles, d'augmenter la production de vapeur, de remédier au tirage défectueux et aux cheminées insuffisantes, d'obtenir une fumivorité satisfaisante : : : : : : : :

Quelques Références

M. Vallaert, à Lille.	3	chaudières
Secteur de Sᵗ-Ouen.	8	—
Etablissements Adt, à Pont-à-Mousson.	4	—
Tirard frères, à Nogent-le-Rotrou	3	—
Les Forges de Châtillon-Commentry, à Neuves-Maisons, sur	6	—
La Cⁱᵉ des Forges et Aciéries de la Marine, Homécourt	8	—
Mines d'Ostricourt	13	—
Houillères de Flines-lez-Raches	17	—
Société des Houillères de Ronchamp	16	—
Agglomérés de Don	3	—
Pharmacie Centrale de France, Paris	8	—
Risbourg, Boone et Cⁱᵉ, Sucreries à Caudry	6	—
Société des Hauts Fourneaux et Laminoirs de la Sambre, à Hautmont	6	—
Compagnie Exploitation de Tramways et Chemins de Fer pour les Réseaux de Rennes, Brest, Le Mans, Béziers	11	—
M. Menier, Chocolat, à Noisiel	3	—
Cⁱᵉ Française de Charbons pour l'Électricité, à Nanterre	2	—
Compagnie du Gaz Lebon	9	—

Demandez notre Notice
Régulateurs automatiques d'alimentation
Plus de 5.000 appareils en fonctionnement

Demandez notre Notice
Régulateurs américains de tirage et de combustion
Conduite régulière de la chauffe

Pb. 204-1

RÉFÉRENCES & CATALOGUES SUR DEMANDE

TABLES DES MATIÈRES & COURS, page A-546

PARIS
145-147
rue Michel-Bizot

V. CHAMPIGNEUL

PARIS
TÉLÉPHONE
908,43

PRESSES HYDRAULIQUES

Pompes de Compression, Accumulateurs

Presses hydrauliques

à emboutir, cintrer les Tôles,
forger, matricer, cisailler,
poinçonner, caler les Roues
de Wagon et les Induits de
Dynamos.

Riveuses hydrauliques

Fixes et Portatives

Presses spéciales

pour :

Fabrication des Douilles
embouties et des Obus

Carreaux Mosaïques
et Céramiques

Meules d'Émeri
Crayons Électriques
Agglomérés divers

1   Pb. 906

SOCIÉTÉ D'ÉTUDES SPÉCIALES
ET D'INSTALLATIONS INDUSTRIELLES

87, rue Taitbout, PARIS

A installé
les plus
puissants

Sécheurs

qui existent pour

Phosphates,

Charbons,

Engrais,

Produits

chimiques,

etc., etc.

Pb. 751-2

Signaler le M. S. I. en écrivant.

" MULTA PAUCIS ". Telle est la devise de notre publication qui contient, en effet,

Beaucoup d'idées en peu de mots.

Le Mois Scientifique et Industriel,

FONDÉ EN 1899

Revue des Revues Techniques du monde entier, donne des résumés précis et surtout pratiques des meilleurs ouvrages parus dans tous les pays sur tous les sujets intéressant cette branche spéciale, la *" Science Industrielle "*.

Le choix des analyses, leur rédaction concise et claire, les nombreuses illustrations qui les accompagnent, tout concourt à faciliter la tâche de l'Ingénieur ou de l'Industriel désireux de s'assimiler sans effort des travaux concernant sa spécialité et de suivre, dans leurs grandes lignes, les progrès réalisés dans l'ensemble de l'Industrie.

Lire le M. S. I.

c'est, non seulement se mettre au courant des nouveautés concernant la branche dans laquelle on s'est spécialisé, mais encore conserver sans effort une vue d'ensemble, complément nécessaire de toute spécialisation

Le *Mois Scientifique et Industriel* comprend 3 parties [2] :

1° *Mécanique, Électricité, Génie Civil, Sciences et Économie Industrielle*
2° *Mines et Métallurgie ;*
3° *Chimie et Electro-Chimie.*

Chaque année, une TABLE ALPHABÉTIQUE est établie qui permet de retrouver rapidement et avec les plus grandes facilités tous les articles parus concernant un sujet donné.

SOUSCRIPTION.

On peut s'abonner directement par mandat, chèque ou lettre chargée (édition ordinaire : **20 francs** ; édition pour fiches : **25 francs**), adressés au *M. S. I.*, 8, Rue Nouvelle, Paris-9°. Des Bons-Primes remis en remboursement de l'abonnement, sont acceptés par nous en paiement de nos Monographies (3), de *" Petites Annonces Techniques "*, de Consultations, etc.

Le **M. S. I.** dont on peut apprécier l'importance actuelle, est augmenté de **48** pages de texte par an chaque fois que le nombre de ses abonnés s'est accru de **300**.

L'Institut Scientifique et Industriel,

qui publie le *M. S. I.*, est un organisme de documentation, unique en France, où tout Industriel trouve des conseils pratiques sur les difficultés qu'il rencontre dans son industrie; qu'il se heurte à des obstacles *techniques* dans ses procédés de fabrication, qu'il soit aux prises avec des questions *économiques* qui arrêtent l'écoulement régulier des produits fabriqués, qu'il voie le développement de ses affaires entravé par une *organisation* défectueuse, qu'il veuille protéger la propriété de ses *inventions* ou défendre ses intérêts dans les *litiges* survenus, il trouvera à cet Institut le secours puissant de collections documentaires abondantes et de compétences éprouvées (392 collaborateurs spécialistes); il sera certain d'y recevoir des conseils impartiaux et éclairés.

L' **I. S. I.** a été surnommé le **MÉDECIN INDUSTRIEL**, et cette comparaison est tout à fait exacte : on le consulte de la même manière, dès que la vie de l'usine ne fonctionne plus normalement.

(Demander la Notice spéciale et consulter nos Références).

---

(1) Notre Service de Librairie se charge de la fourniture des articles originaux aux prix indiqués après chaque analyse.

(2) Le **Mois Scientifique et Industriel** paraît sous deux formes : *Édition Ordinaire et Édition pour Fiches* ; cette dernière est imprimée d'un seul côté des feuilles pour permettre de découper et de coller sur fiches les résumés ; le classement de ceux-ci, suivant la méthode décimale, facilite les recherches ultérieures.

(3) Les Monographies du **M. S. I.** sont des études complètes et pratiques des questions industrielles à l'ordre du jour (la liste complète des ouvrages parus est envoyée franco sur demande).

"LE MATÉRIEL TÉLÉPHONIQUE"

Ancienne Maison G. ABOILARD et Cⁱᵉ

46, Avenue de Breteuil, PARIS

Postes téléphoniques d'intercommunication

Tableaux commutateurs à
BATTERIE CENTRALE INTÉGRALE

admis sur le réseau de l'Etat

Pour :
Immeubles, Maisons de Commerce,
Banques, Hôtels, Usines, etc.....

Demander notre Notice spéciale " INTERPHONE "

Pb. 2714-3 — 4-12

FOYER UNIVERSEL
avec GRILLE SPÉCIALE à Barreaux à ailettes à Brassage d'air : :

Système J. WAGNER, breveté S. G. D. G.

PRINCIPAUX AVANTAGES

1° Utilisation des poussiers de coke et d'anthracite et de tous les combustibles menus, soit à bon marché, permettant de réaliser une économie de 15 à 40 % sur le prix de revient de la tonne-vapeur.

2° Augmentation de la puissance évaporatoire des chaudières, de 20 à 50 %.

3° Amélioration de tout tirage défectueux.

4° Obtention d'une fumivorité satisfaisante par l'emploi des menus maigres.

5° Longue durée des barreaux en métal réfractaire.

6° Grande surface de vide.

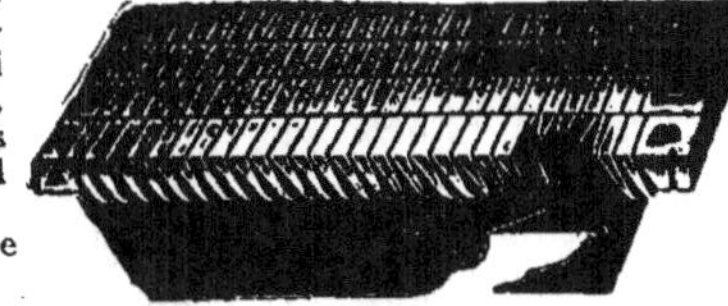

J. WAGNER, INGÉNIEUR CIVIL

33, rue Blanche -:- PARIS-9ᵉ

GUSTIN Fils aîné et A. GUSTIN Fils, Successeurs

Catalogue et Références sur demande

Pb. 2909-1 — 24-12

Pour avoir une réponse rapide, recommandez-vous du M. S. I.

Table des Matières du M. S. I.

Année 1913. Tome 15.   Septembre 1913. — N° 169.

ÉCLAIRAGE.

CHAUFFAGE, VENTILATION, RÉFRIGÉRATION.

LOCOMOTION SUR TERRE.

NAVIGATION.

MESURES.

TÉLÉGRAPHIE, TÉLÉPHONIE ET PHOTOGRAPHIE.

RECHERCHES PHYSIQUES.

INDUSTRIES DIVERSES.

MÉCANIQUE DES TEXTILES.

Scies Circulaires

de 1ʳᵉ qualité en acier fondu ou en acier rapide, plats ou coniques pour **l'acier**, le fer, le bronze, le bois, : : : : : : etc. : : : : :

BON MARCHÉ — LONGUE EXPÉRIENCE

PAUL BOUCHHOLTZ & Cⁱᵉ

151, — rue de Marseille, — 16
PARIS

Catalogue gratuit
Pb. 3772-1 — 1-13

ÉCONOMIE
de CHARBON
SUPPRESSION
des FUMÉES

par l'emploi des

Foyers Automatiques

UNDERFEED-STOKER
A CHARGEMENT PAR LE DESSOUS

Emploi de Combustibles
BON MARCHÉ
FACILITÉ
de Conduite et de Décrassage

DEMANDEZ UN DEVIS A LA

Sᵗᵉ Anonyme des Foyers Automatiques
Rue de Sévigné, ROUBAIX

Surface de chauffe desservie en France : **50.000 m²ᶜ**

Pb. 105

APPAREILS POUR TOUTES MESURES ÉLECTRIQUES

CHAUVIN et ARNOUX
Ingénieurs-Constructeurs

Adresse télégraphique : ELECMESUR-PARIS

BUREAUX et ATELIERS :
186 et 188, Rue Championnet, 186 et 188

TÉLÉPHONE **525.52**

Expositions Universelles

GRANDS PRIX
Paris 1900
Liège 1905

MÉDAILLES D'OR
Bruxelles 1897
Paris 1899 — Paris 1900
Saint-Louis 1904

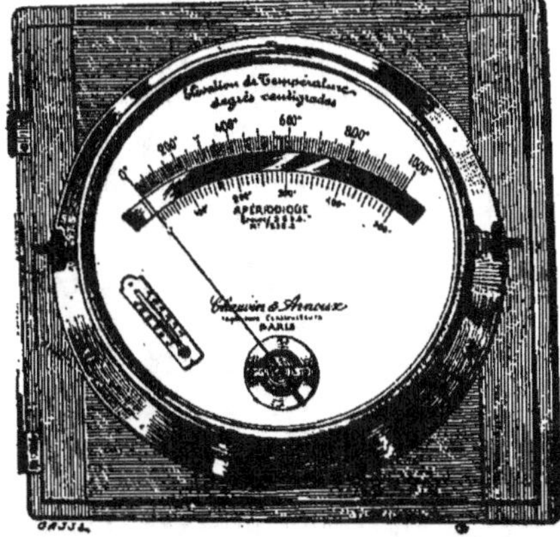

Pyromètres Thermoélectriques
INDUSTRIELS
à Cadran et Enregistreurs.

58-1

Si vous signalez le M. S. I. en écrivant, vous vous rendez service.

Table des Matières du M. M. M.

Année 1913. Tome 10. Septembre 1913. — N° 117.

Table des Matières du M. C. E.

Année 1913. Tome 9.   Septembre 1913. — N° 105.

———

Septembre 1913

CATALOGUE ET NOTICE EXPLICATIVE FRANCO SUR DEMANDE

L. BIRON, Constructeur
Successeur de Lawrence et Cie

93, 95, 97, rue du Chevalier-Français — LILLE

Pb. 445-2 — 8-13

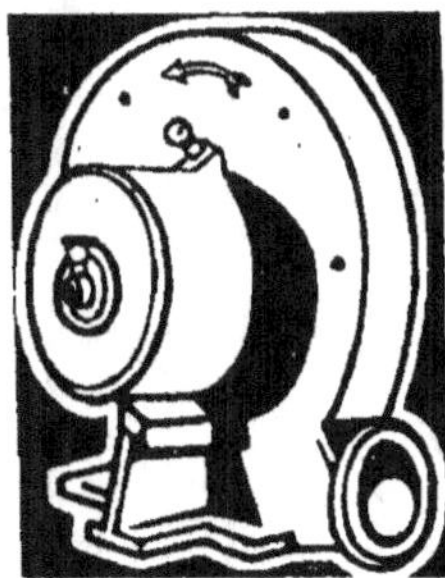

Pb. 4402 — 6-13

Voyez à la fin des pages vertes les " Nouveaux Catalogues du Mois ".

Cours des Matières premières

Cours des Charbons industriels.

			1er Août	6 septembre	Unité monétaire
Charbons français.					
Nord et Pas-de-Calais.					
(Prix sur wagon au départ de la mine, applicables à la zone B. P., région de Paris.)					
Charbons secs.	Tout-venant petit 20 à 25 %	la tonne.	..21,50 à 22,00	..21,50 à 22,00	francs.
	— moyen 30 à 35 %	—	..22,50 à 23,00	..22,50 à 23,00	»
	— gros 40 à 50 %	—	..25,50 à 26,50	..22,50 à 26,50	»
	Fines 0,015 mm. (menus inférs).	—	..20,00 à 21,50	20,00	»
	Criblés	—	..26,00 à 30,00	..26,50 à 30,00	»
Charbons lavés.	grains 8/15	—	25,00	25,00	»
	grains forge 8/30	—	27,50	27,50	»
Gros coke fonderie		—	..26,00 à 29,00	..26,00 à 29,00	»
Briquettes		—	27,50	27,50	»
Loire.					
Menu sortant 1re qualité		—	28,50	28,50	»
Grelassons		—	36,00	36,00	»
Briquettes		—	..30,00 à 36,00	..30,00 à 36,00	»
Gard					
Charbons gras		—	..22,00 à 24,00	..22,00 à 24,00	»
Menus		—	..17,00 à 25,00	..17,00 à 25,00	»
Charbons belges.			1er Août	6 septembre	
Charleroi.					
Charbons maigres.	Houille gailletterie	—	25,00	26,00	»
	Gailletins	—	..29,00 à 31,00	..29,00 à 32,00	»
	Greuzins	—	..29,00 à 31,00	..26,00 à 31,00	»
	Têtes de moineaux 30/50 mm	—	..32,00 à 34,00	..32,00 à 35,00	»
Charbons gras.	Houille gailletterie	—	..31,00 à 34,00	..31,00 à 35,00	»
	Gailletins	—	..31,50 à 36,50	..32,00 à 37,50	»
	Greuzins	—	..31,50 à 33,50	..31,00 à 34,50	»
	Têtes de moineaux 30/50 mm	—	..36,50 à 39,50	..37,00 à 40,00	»
Charbons anglais.			1er Août	6 septembre	
Newcastle.					
On cote charbon à gaz qualité supre	la tonne anglse.		18,75	..18,40 à 18,75	»
Charbon de forge		—	..16,85 à 17,00	17,50	»
Charbons supérieurs pour vapeur		—	19,35	..18,00 à 18,25	»
Menus		—	..11,85 à 12,15	10,40	»
Coke pour fonderie		—	..25,00 à 26,85	..22,50 à 25,00	»
Hull.					
Supérieur à vapeur	la tonne fob.		..20,30 à 20,60	..20,00 à 20,30	»
Hartleys		—	..16,55 à 16,85	16,85	»
Silkstone gaz criblé		—	..16,55 à 16,85	..16,55 à 16,85	»
— — non criblé		—	16,25	15,60	»
Cardiff.					
Menus pour soutes		—	..13,10 à 13,40	..13,10 à 13,40	»
Noisettes lavées		—	..20,00 à 20,60	20,00	»
Coke pour fonderie		—	..38,75 à 40,00	37,50	»
Briquettes		—	..27,50 à 28,10	..25,00 à 28,10	»
Swansea.					
Anthracite (triée) 1re qualité, net		—	..26,25 à 28,75	..26,85 à 30,60	»
— — 2e qualité		—	..22,50 à 25,00	..24,35 à 25,60	»
Menu		—	...7,50 à 8,10	....8,40 à 8,75	»
Tout-venant moyen gras		—	..16,85 à 18,10	..16,85 à 18,10	»
Briquettes		—	..22,50 à 23,75	..22,50 à 23,75	»
Anthracites anglais.			1er Août	6 septembre	
Cours à Rouen.					
Gailletins 50/80		—	43,00	45,00	»
Noisettes 25/55		—	47,00	49,00	»
Grains 15/25		—	41,00	41,00	»
— 10/15		—	35,00	35,00	»
Fines 0/10		—	18,00	18,00	»

SOCIÉTÉ ALSACIENNE

DE

CONSTRUCTIONS MÉCANIQUES

BELFORT

Machine d'extraction électrique des mines de Béthune.
Moteurs de 1.100 à 1.500 HP., 29 tours.

MÉCANIQUE

Chaudières. — MACHINES à VAPEUR. — Moteurs à gaz. — TURBINES à VA-
PEUR. — Turbines hydrauliques. — LOCOMOTIVES à voie étroite et à voie
normale. — Machines-Outils pour le travail des métaux. — Appareils de levage,
Crics, Vérins, Petit Outillage. — MACHINES pour l'INDUSTRIE TEXTILE.

ÉLECTRICITÉ

DYNAMOS à courant continu et à courants alternatifs. — Tableaux de distri-
bution. — TRANSFORMATEURS. — Commutatrices. — Survolteurs. — COM-
MANDE ÉLECTRIQUE DES TRAINS DE LAMINOIRS. — Tracteurs, Cabestans,
TREUILS ET MACHINES D'EXTRACTION A COMMANDE ÉLECTRIQUE. — Lo-
comotives électriques. — Locomotives minières. — Fils et Câbles isolés. —
Câbles armés pour réseaux souterrains. — Câbles téléphoniques.

*INSTALLATIONS COMPLÈTES DE STATIONS CENTRALES
POUR VILLES, MINES, USINES*

Pb. 250

Signaler le M. S. I. en écrivant.

Minerais.

		1er Août	6 septembre	Unité monétaire
Aluminium.	Bauxite rouge, 60 % $Al^2 O^3$ 2 à 3 %. SiO^2, fob Marseille, Toulon, la tonne.	21,00	21,00	francs
Antimoine	Minerai 50 %.	...175 à 181,25	...175 à 181,25	»
Cobalt (1)	Minerai Canada 8 à 12 %, la tonne.	..100 à 150,00	...100 à 150,00	»
	de Turquie 50 %, cif bons ports.	65,00	65,00	»
Chrome	Fer chromé 50 %, Nouméa en vrac.	32,00	32,00	»
	Fer chromé 50 %, fob Marseille (3 fr. 50 en sus par tonne et par unité).	70,00	70,00	»
Cuivre	Minerai de Corocoro (100 kg., Havre).	176,00	192,00	»
	des Pyrénées, hématite à 50 % (0 fr. 30 par unité en sus), fob Port-Vendres, la tonne.	15,00	15,00	»
	Pyrite de fer, base 45 % cif port Ouest (0,25 par unité en plus ou en moins).	32,00	32,00	»
Fer	Minerai de Briey, la tonne.	6,50	6,50	»
	— de Normandie, la tonne.	9,00	9,00	»
	Rubio fob Bilbao, 1re qualité par tonne anglaise.	..17,50 à 18,75	..17,50 à 18,75	»
	Rubio, fob Bilbao, carbonaté calciné, 1re qualité par tonne anglaise.	..18,75 à 20,00	..18,75 à 20,00	»
Manganèse	Bordeaux minerai calciné 52 à 55 %.	1,60	1,60	»
	— cru 35 à 40 %.	1,35	1,35	»
Molybdène	base 98 % de MoS^2, le kg.	20,00	20,00	»
Nickel	à 7 %, le kg. de métal contenu, fob Nouméa.	0,75	0,75	»
	à 8 %, le kg. de métal contenu, fob Nouméa.	0,85	0,85	»
Plomb	Désargenté anglais, par 1.016 kg.	412,50 à 415,50	412,50 à 415,50	»
	Linarès sulfuré 78 % les 46 kg.	..11,75 à 12,00	..11,75 à 12,00	pesetas
	Carbonato 50 % —	...6,25 à 6,50	...6,25 à 6,50	»
Zinc	Almeria, calamine 30 %, par 50 kg.. (0,30 par unité en plus).	2	2	»
	Carthagène, blende 30 %, par 50 kg.. (0,25 par unité en plus).	1,75	1,75	»

(1) Le minerai de Nouméa vaut 80 fr. (11 %). Il est délaissé pour celui du Canada, arséniure très riche en argent.

Métaux neufs.

Fer, Fonte, Acier.

	1er Août	6 septembre	
Fers marchands, n° 2, à Paris, 1re cl... les 100 kg.	22,00	22,00	francs.
Feuillards, — ...... —	....26 à 31,00	.... 25 à 30,50	»
Larges feuillards........ — ...... —	....21 à 22,00	.... 26 à 31,75	»
— plats. — ...... —	...28 à 29,00	..24,50 à 27,50	»
Tôles de construction n° 2, base à Paris. —	28,00	28,00	»
Fonte Longwy moulage n° 3. P.R.à Paris. la tonne.	90,00	90,00	»
— affinage. —	82,00	82,00	»
Fonte Luxembourg, n° 3. —	71,50	71,50	»
Fontes anglaises (1), Cleveland, n° 1. —	72,80	72,80	»
— — n° 3. —	82,50	..69,35 à 69,65	»
— — blanche.. —	68,50	..67,80 à 68,40	»

(1) Ces prix s'entendent livraison fob.

Alliages spéciaux.

On cote à Paris :

	1er Août	6 septembre	
Ferro-chrome 8 à 10 %. la tonne.	500,00	500,00	»
— moins de 1 %. —	3600,00	3600,00	»
Ferro-molybdène 70 % env. le kg.	13,50	13,50	»
Ferro-silicium 50 %. —	8,00	8,00	»
Ferro-titane 40 %. —	7,00	7,00	»
Ferro-tungstène 80 %. —	7,50	7,50	»
Ferro-vanadium 50 % franco bons ports (sans carbone), le kg. de vanadium contenu. —	45,00	45,00	»
Ferro-aluminium en lingots, le kg. d'aluminium contenu.	....7,25 à 7,50	....7,25 à 7,50	»

Pb. 71-6 — 10-10

Pb. 3674-1 — 4-13

Pb. 1792 — 2-13

Les feuilles vertes du M. S. I. doivent être lues jusqu'à la fin.

★★

Cuivre, Plomb, Argent et Or. *Cours de la Chambre de Commerce de Paris.*	1er Août	6 septembre	Unité monétaire
Cuivre en barres, améri- { 1res marques les 100 kg.	179,00	194,50	francs.
cain ou autres prove- { Marques ordinaires les nances, liv. Havre. { 100 kg	176,50	192,00	»
Cuivre rouge { Planches Paris, les 100 kg.	235,00	245,00	»
Cuivre rouge { Fils — —	225,00	235,00	»
— jaune { Planches — —	202,50	207,50	»
— jaune { Fils — —	202,50	207,50	»
Tubes cuivre rouge sans soudure, prix de base Paris, —	270,00	280,00	»
Tubes laiton sans soudure, prix de base Paris, —	225,00	230,00	»
Plomb, provenances diverses, marques ordinaires, livraison Paris —	60,25	59,50	»
Plomb laminé, — —	77,00	77,00	»
— tables et tuyaux, Paris —	80,00	80,00	»
Argent en barres le kg.	102,00	101,50 à 103,50	»
Or en barres pair à —	3.437	3.437	»
Platine —	6.600 à 7.000	6.600 à 7.000	»
Petits Métaux. *Cours de la Chambre de Commerce de Paris.*			
Aluminium, 99 %, en lingots le kg.	2,10 à 2,30	2,10 à 2,30	»
Antimoine Auvergne ou Anglais les 100 kg.	110,00	110,00	»
Etain { Banca, livraison Havre ou Paris. —	499,50	524,00	»
Etain { Anglais de Cornouailles, Paris. —	496,00	509,00	»
Magnésium le kg.	7,50	7,50	»
Mercure en potiche, Paris —	7,50	7,50	»
Molybdène 70 % —	13,50	13,50	»
Nickel pur, Paris, en lingots —	4 à 5,00	4 à 5,00	»
Tungstène 80 % —	7,50	7,50	»
Zinc { Bonnes marques, Paris les 100 kg.	59,00	60,00	»
Zinc { Laminé —	88,00	88,00	»
Zinc { Silésie, le Havre —	61,25	62,25	»

Vieux Métaux.
D'après les dernières adjudications.

	1er Août	6 septembre	Unité monétaire
Ferraille ordinaire à Paris, les 100 kg.	5,50 à 6,25	5,00 à 6,00	»
Vieille fonte grise — —	6,00 à 6,25	6,10 à 6,25	»
Tôle de fer brûlée ou oxydée — —	7,00 à 7,25	6,75 à 7,00	»
Gros aciers divers — —	6,25 à 6,50	6,25 à 6,50	»
Mitraille cuivre rouge — —	155,00	165,00	»
Tournure — —	155,00	162,00	»
Mitraille d'étain — —	300 à 305,00	295 à 300,00	»
Vieux zinc couvertures — —	42,00 à 43,00	45,00 à 46,00	»
— — chiffonnier —	37,00 à 38,00	41,00 à 42,00	»
— plombs, planches et tuyaux — —	47,00 à 48,00	48,00 à 49,00	»
Vieux bronze mitraille mécanique — —	150,00	158,00	»
— — tournure — —	130,00	140,00	»

Caoutchouc.

	1er Août	6 septembre	Unité monétaire
Cours officiels des courtiers du Havre.			
Para fin le kilogr.	9,50 à 9,80	9,50 à 9,80	francs.
Para Sernamby —	5,00 à 6,25	5,00 à 6,25	»
Pérou (Caucho) —	6,00 à 6,25	6,00 à 6,25	»
Mangabeira —	5,00 à 7,00	5,00 à 7,00	»
Centre-Amérique —	6,00 à 8,00	6,00 à 8,00	»
Congo Français —	3,25 à 6,50	3,25 à 6,50	»
Madagascar —	4,00 à 7,00	4,00 à 7,00	»
Marché de Bordeaux.			
Conakry Niggers F. A. Q. —	6,75	6,25	»
Soudan Niggers rouge —	6,50	5,75	»
— — blanc —	5,50	5,25	»
Lahou Niggers —	4,75	5,25	»
Gambie —	3,75 à 4,75	4,75	»
Marché de Marseille.			
Tamatave rose —	6,00 à 6,10	5,75 à 6,00	»
Majunga —	4,00 à 4,10	4,00 à 4,10	»
Nouméa —	7,00 à 7,25	7,00 à 7,25	»

8 et 10, rue Nouvelle.
PARIS-9°.

**INSTITUT
SCIENTIFIQUE
ET
INDUSTRIEL**

Service Juridique.

But de notre Service Juridique :

Pour conduire une affaire, il ne suffit pas d'en posséder parfaitement la partie technique, il est indispensable que le Directeur soit à même de mesurer :

L'importance des engagements qu'il contracte ;
Les conséquences des décisions qu'il va prendre ;
Les résultats possibles des conventions qu'il accepte.

*Un chef d'entreprise avisé cherchera toujours à **prévoir** les difficultés possibles et, pour cela, à rédiger des conventions et des contrats solides, ne laissant place à aucun imprévu et aucune contestation.*

Si pourtant un désaccord survient, il ne cherchera pas à le résoudre par ses propres moyens et par le simple bon sens, il se renseignera tout d'abord sur la valeur que la loi ou la jurisprudence accorde à ses revendications.

Pour cela, il doit pouvoir être éclairé avec certitude sur la limite de ses droits, sur la manière de les protéger, et surtout il doit avoir le sentiment que ce ne sont point de simples appréciations qui lui seront données, mais des conclusions précises accompagnées d'une documentation puisée dans la jurisprudence elle-même et rédigées non pas à un point de vue exclusivement juridique, mais répondant aux besoins d'un véritable homme d'affaires.

*C'est en raison de ces besoins que nous avons créé notre **Service Juridique**, qui dispose d'une Documentation abondante, constamment tenue à jour, et de Collaborateurs, Docteurs en Droit spécialisés dans les questions industrielles et la jurisprudence en matière de Sociétés.*

Nos clients trouveront avantage à nous consulter pour :

Rédaction de conventions et de contrats. — Avis sommaire. — Consultation documentée. — Étude de dossiers. — Expertises. — Arbitrages. — Préparation et conduite de procès.

Pour apporter à nos clients notre concours de la façon la plus rapide et la plus efficace nous donnons, au verso, un modèle de formulaire à remplir et à nous adresser.

(Voir le Formulaire au dos.)

Formulaire à remplir[(1)] et à adresser : *Institut Scientifique et Industriel*

SERVICE JURIDIQUE

8, rue Nouvelle — PARIS-9e

1º *Formuler d'une manière précise et concise l'objet de votre question.*

(Avoir soin de ne jamais mélanger deux questions, le cas échéant remplir autant de formulaires qu'il y a de questions distinctes, même concernant la même affaire.)

2º *Pour quels motifs nous posez-vous cette question ? Exposer brièvement les faits.*

3º *Y a-t-il un procès engagé ? Si oui, nous dire où il en est et en particulier bien résumer les prétentions de l'adversaire.*

4º *Nous consultez-vous en vue d'un procès éventuel ? Si oui, nous résumer également, si possible, les prétentions de l'autre partie.*

5º *Le cas échéant, nous dire ce que vous savez déjà sur la question que vous posez, pour éviter les doubles emplois et pertes de temps.*

6º *Nous demandez-vous un* **avis sommaire,** *ou une* **consultation documentée,** *ou bien de prendre la* **direction de l'affaire ?**

7º *Joignez-vous un dossier à votre demande ?*

8º *Quel délai maximum pouvez-vous nous accorder pour notre réponse ?*

Nom du demandeur........................

Adresse........................

Date........................

(1) L'envoi de ce formulaire *n'engage en rien le demandeur* : il nous permet seulement de lui soumettre à bon escient nos propositions, qu'il sera libre d'accepter ou de refuser.

Le secret professionnel le plus absolu est rigoureusement observé.

Suivant les usages de notre Institut (voir Notice nº 2), accompagner l'envoi de ce formulaire de 3 fr. en timbres-poste. Cette somme, destinée à couvrir nos frais de recherches et frais préliminaires, est à déduire de nos honoraires en cas de commande.

Septembre 1913

IL ne SUFFIT PAS d'avoir
des
MACHINES à TAILLER!!!
une longue expérience est indispensable pour construire de bons engrenages
la Maison PIAT qui en fabrique depuis 1830
applique ses méthodes d'éxécution aux
A. Fornisyd
Engrenages KOSMOS
Brevets Wüst
à chevrons taillés, à roulement silencieux, à haut rendement
Les Fils de A. PIAT & Cie 87, Rue St Maur, PARIS.

Pb. 142-11 — 3-13

Matériaux de construction.

	1er Août	6 septembre	Unité monétaire
Bois de charpente. *Paris (sur wagon gare d'arrivée)*			
Sapin des Vosges, sciages 4 f. ordinaire .... le m³.	63 à 65,00	63 à 65,00	francs.
— — madriers et bastings .... —	65 à 68,00	65 à 68,00	»
Sapin du Jura, sciages 4 f. ordinaire .... —	64 à 67,00	64 à 67,00	»
— — madriers et bastings .... —	33 à 66,00	33 à 66,00	»
Chêne en grume, selon qualité.................. —	55 à 110,00	55 à 110,00	»
— en planches........................... —	145 à 165,00	145 à 165,00	»
— bois de charpente scié................ —	105,00	105,00	»
— Rebuts.............................. —	70,00	70,00	»
Peuplier en grume............................ —	30 à 50,00	30 à 50,00	»
Hêtre en grume.............................. —	45 à 60,00	45 à 60,00	»
— en plots............................. —	70 à 75,00	70 à 75,00	»
— en chevrons......................... —	75,00	75,00	»
Orme en grume.............................. —	45 à 70,00	45 à 70,00	»
— en plateaux.......................... —	60 à 90,00	60 à 90,00	»
Stockholm.			
Planches.	210,00	210,00	»
Parquet, mixte blanc	50,00	50,00	»
— rouge 1er choix......................	54,00	54,00	»
Hernœsand. Bois rouge 8 à 10×23 cm., premier choix	410 à 415,00	410 à 415,00	»
— — dernier choix	220,00	220,00	»
Ciments, Chaux et Briques.			
Ciment de Vassy prise rapide, à Paris........ la tonne.	54,00	54,00	»
— romain à Paris.................... —	46,00	46,00	»
— de laitier à Paris................. —	56,00	56,00	»
Portland prise lente, à Paris.................. —	72,00	72,00	»
Plâtre gros à Paris .... le m³.	22,00	22,00	»
— fin à Paris......................... —	24,00	24,00	»
Chaux de la Marne à Paris................... —	39,00	39,00	»
— Beffes......................... —	40,00	40,00	»
Briques pleines ordinaires, à Paris (1)...... le mille.	53 à 60,00	53 à 60,00	»
— clozots, — (1)..... —	42 à 47,00	42 à 47,00	»
— pavés, — (1)..... —	80 à 90,00	80 à 90,00	»
— creuses, sur champ, 29 au mètre, 04 × 15 × 22, à Paris (1).................. —	60 à 65,00	60 à 65,00	»
Tuiles plates rectang. à crochet, 1er choix, de Ons-en-Bray, 0,15 × 0,23, 80 au m². —	34,00	34,00	»
Tuiles plates de Marseille, prises à St-Henri. —	70,00	70,00	»
Carreau hexagone dit Tomette de 140, pris à Salernes (Var)........................... —	38 à 42,00	38 à 42,00	»

(1) Le prix le plus bas indique la fabrication Belleville; le prix le plus élevé, la fabrication Vaugirard.

Cotons, Laines, Lins, Jutes.

	1er Août	6 septembre	Unité monétaire
Marché du Havre.			
Coton Louisiane ordin., mois courant. .... les 50 kg.	77,75	87 à 87,25	francs.
Laines en suint de Buenos-Ayres mois crt. les 100 kg.	188,50	206,50	»
Marché d'Epinal.			
Cotons filés Chaîne 27/29 suivant qualité.... le kil.	2,55	2,45	»
au kg. Trame 36/38 — — ... —	2,75	2,65	»
Marché de Mulhouse.			
Cotons filés au kg. Chaîne 27×29...................... le kil.	2,50 à 2,60	2,50 à 2,65	»
Trame 36×38.................... —	2,60 à 2,70	2,60 à 2,65	»
Marché de Lille (Dunkerque ou Gand).			
Lins de Bretagne..................... les 100 kg.	132 à 135,00	135 à 140,00	»
— de Flandre bleus...................... —	150 à 160,00	150 à 160,00	»
— de Hollande......................... —	160 à 175,00	160 à 175,00	»
— de Russie Kazansky (r. terre)....... —	98 à 100,00	100,00	»
— — Sytschifka (r. terre)...... —	83 à 86,00	83 à 86,00	»
— — Drissa (r. eau).............. —	41,00 à 42,00	41 à 42,00	»
Chanvre brut............................... —	105 à 112,00	110 à 112,00	»

Marché de Marseille.		1er Août	6 septembre	Unité monétaire
Jute des Indes	les 100 kg.	35,00 à 65,00	35,00 à 65,00	francs.
— de Chine	—	58,00	58,00	»
Ramie chinagrass	—	68,00 à 75,00	68,00 à 75,00	»
Crin végétal	—	14,25 à 18,50	14,25 à 18,50	»
Alfa gros	—	18,00	18,00	»
— fin.	—	10,00	10,00	»
Raphia	—	62,00 à 78,00	64,00 à 80,00	»

Produits chimiques.

Prix de gros et demi-gros, en emballage d'origine (Place de Paris).

	Produit	Unité	1er Août	6 septemb.	Unité monétaire
Acides	Acétique 40° industriel HP	les 100 kg.	35,00	35,00	francs
	Borique, cristallisé	—	77,50	77,50	»
	— paillettes	—	85,00	85,00	»
	Chlorhydrique 20-21° par 15 touries.	—	7,50 à 8,00	7,50 à 8,00	»
	Citrique	—	475,00	475,00	»
	Lactique industriel 50%	—	70,00	70,00	»
	Nitrique jaune 36°	—	32,00	32,00	»
	Oxalique	—	85,00	85,00	»
	Phénique cristallisé 35°	—	200,00	200,00	»
	— liquide 97/98° ambré	—	55,00	55,00	»
	Sulfurique 53°	—	6,00	6,00	»
	— 66°	—	7,75	7,75	»
	Tartrique 1er blanc	—	285,00	285,00	»
Alcalis	Soude caustique plaques 70/72	—	32,25	33,25	»
	Potasse caustique plaques 70/75	—	61,00	61,00	»
	Ammoniaque 22°	—	35 00	35,00	»
Produits divers	Acétate d'alumine 10°, blond HP	—	18,00	18,00	»
	— — 15°, blanc HP	—	27,00	27,00	»
	— de plomb 1er blanc	—	80,00	80,00	»
	Alun épuré	—	21,00	21,00	»
	— ordinaire	—	18,00	18,00	»
	Arsenic en poudre	—	55,00	55,00	»
	Bichromate de potasse	—	80,00	80,00	»
	Bichromate de soude	—	70,00	70,00	»
	Bisulfite de chaux 11°	—	8,50	8,50	»
	— de soude 30°	—	12,00	12,00	»
	Borax cristaux	—	51,50	51,50	»
	— poudre	—	54,00	54,00	»
	Carbonate de soude cristallisé	—	8,00	8,00	»
	— — (sel Solvay 80/85)	—	24,50	24,50	»
	Carbure de calcium HP tout-venant..	—	32,00	32,00	»
	Chlorate de potasse cristaux	—	107,50	107,50	»
	Chlorure de baryum cristallisé	—	16,50	16,50	»
	— de chaux 105/110°	—	17,50	17,50	»
	Chromate jaune de potasse	—	160,00	160,00	»
	Crème de tartre entière	—	228,00	228,00	»
	Eau oxygénée 10/12 volumes, industrielle	les 100 litres.	30,00	30,00	»
	Iode bi-sublimé	le kg.	37,00	37,00	»
	Nitrate de plomb	les 100 kg.	83,00	83,00	»
	Potasse imitation Amérique 66/70°	—	39,00	39,00	»
	— perlasse ordinaire 75/80°	—	42,00	42,00	»
	Sel ammoniac blanc pour piles	—	78,00	78,00	»
	— gris en pains	—	150,00	150,00	»
	Sel d'étain 52 %	—	365,00	365,00	»
	Soufre en fleurs	—	20,00	20,00	»
	— en canons	—	18,50	18,50	»
	Sulfate d'alumine épuré	—	16,00	16,00	»
	— — exempt de fer	—	19,00	19,00	»
	— de cuivre, gare Paris	—	57,00	57,00	»
	— de fer, cristaux et menus sels, gare Paris	—	6,00	6,00	»
	— de magnésie industriel	—	8,50	8,50	»
	Sulfure de carbone HP	—	60,00	60,00	»
	— de sodium	—	17,00	17,00	»

Corps gras.

Place de Paris.

		1er Août	6 septembre	Unité monétaire
Suif frais boucherie de Paris 43 1/2...	les 100 kg. nu.	83,00	83,00	francs.
Stéarine de saponification	—	120,00	120,00	»
— distillation première...	—	116,00	116,00	»
Glycérine saponification 28°	—	147,50	157,50	»
Margarine ordinaire....................	—	107,00	107,00	»

Place de Marseille.

		1er Août	6 septembre	Unité monétaire
Huiles d'olive : Tunisie Sfax, fûts à rendre		142 à 145,00	138 à 135,00	»
— Corse, surfine..............		100 à 105,00	103 à 108,00	»
— Aragon, fûts perdus.		145 à 150,00	145 à 150,00	»
Huile de lin Bombay comestible, non logée.............		74 à 75,00	74 à 75,00	»
— de sésame lampante, non logée............		83 à 84,00	83 à 84,00	»
— d'arachide Gambie, non logée................		92 à 93,00	91 à 92,00	»
— de coton française surfine, logée en douane......		103 à 105,00	103 à 105,00	»
Glycérine de saponification, fûts perdus..................		150 à 155,00	157,50 à 162,00	»
Stéarine de saponification, fûts perdus.................		117 à 122,00	117 à 122,00	»
Saindoux Amérique seaux (douane en sus : 34 fr. 50 les 100 kg.)	les 100 kg.	152 à 156,00	150 à 154,00	»
Savon blanc extra pur	—	75 à 78,00	59 à 60,00	»
— noir cuit.......................	—	46 à 48,00	46 à 48,00	»

Produits divers.

Prix de gros et demi-gros, en emballage d'origine (Place de Paris).

		1er Août	6 septembre	Unité monétaire
Acétone en tourie, HP......................	les 100 kg.	200,00	200,00	»
Benzine légère, HP....................	l'hectolitre.	75,00	75,00	»
— lourde industrielle, HP.	—	43,00	43,00	»
Blanc de zinc n° 1, poudre cire rouge, Vieille Montagne	les 100 kg.	76,00	76,00	»
Blanc de zinc, broyé n° 1, cire rouge, Vieille Montagne	—	88,00	88,00	»
Camphre raffiné en pains.................	—	510,00	510,00	»
Cérésine blanche, HP	—	100 à 250,00	100 à 250,00	»
Céruse poudre, garantie pure..............	—	66,00	66,00	»
— broyée surfine............	—	71,00	71,00	»
Cire végétale blanche du Japon, HP......	—	125,00	125,00	»
Colle de Givet, 1er choix	—	147,00	147,00	»
Dextrine blonde citron..................	—	60,00	60,00	»
Gélatine blanche Rousselot « Diamant »..........	le kg.	5,00	5,00	»
Glycérine blanche industrielle, 28°	les 100 kg.	165,00	165,00	»
— blonde 28°	—	150,00	150,00	»
Gomme laque cerise AC..................	—	215,00	215,00	»
Lithopone (*cachet rouge*) par 10 t. gare Paris.	—	40,00	40,00	»
Méthylène, 90° HP...................	l'hectolitre.	100,00	100,00	»
Paraffine demi-raffinée blanche, 48-50° HP	les 100 kg.	95,00	95,00	»
Térébenthine, HP.	—	76,00	76,00	»
Tétrachlorure de carbone	—	95,00	95,00	»
Pétrole raffiné, nu f° gare Paris............	l'hectolitre.	32,50	32,50	»
— blanc —	—	42,50	42,50	»
Essence minérale —	—	45,50	45,50	»

Engrais.

Prix de gros et demi-gros, en emballage d'origine (Place de Paris).

		1er Août	6 septembre	Unité monétaire
Cyanamide, 15 % azote franco............	les 100 kg.	23,00	23,00	»
Cyanamide, 17 à 20 % azote franco...........	l'unité.	1,60	1,57	»
Chlorure de potassium (Esc. 3 %, gares de départ du Nord)....................	les 100 kg.	21,25	22,80	»
Corne torréfiée moulue 13/15 azote, Paris......	l'unité.	2,00	2,10	»
Cuir torréfié moulu 7/9 azote, Paris............	—	1,40	1,60	»
Nitrate de chaux, 13 % azote, fûts de 100 kilos net, sur wagon Rouen.......	les 100 kg.	23,00	23,75	»
Nitrate de soude, Dunkerque..............	—	25,00	25,00	»
Phosphates, Algérie-Tunisie 58/63 caf. mer du Nord et Atlantique.....................	l'unité.	0,53	0,52 à 0,54	»
Phosphates précipités d'os...................	—	0,40	0,38 à 0,40	»
Poudre d'os dégélatinisés..................	les 100 kg.	11,00	11,25	»
Sulfate d'ammoniaque, 20-21 %, Compagnie du gaz de Paris...........................	—	33,75	35,00	»
Superphosphates d'os pur.....................	l'unité.	0,55	0,55	»
— minéraux. —	—	0,39	0,39	»

ÉVAPORATION DE TOUS LIQUIDES INDUSTRIELS

COMPRESSION DE LA VAPEUR

APPLIQUÉE A L'ÉVAPORATION

ÉPURATION DES EAUX

PAR ÉBULLITION OU DISTILLATION ÉCONOMIQUE

POSTES D'ÉVAPORATION
adaptés spécialement pour le liquide
à concentrer

CONCENTRATION CONTINUE
à basse température jusqu'à l'état solide
(en poudre ou en bloc)

FABRICATION D'EAU POTABLE

DISTILLATION DE L'EAU

ÉPURATION
des Liquides par l'Ébullition
Eaux calcaires, Eaux chargées d'Huiles,
de Graisses, etc...

CHAUDIÈRES ÉVAPORATOIRES
grande puissance de vaporisation, faible
chute, faible capacité de liquide

ÉVAPORATEURS AUTO-CONDENSEURS
par compression continue de la vapeur

ÉVAPORATEURS ROTATIFS
à nettoyage continu
pour liquides fortement incrustants

MULTIPLES-EFFETS
fonctionnant à très basses températures

CONCENTRATEURS-FINISSEURS
pour concentration continue
maximum de tous les liquides

RÉCUPÉRATEURS
des vapeurs perdues des appareils à cuire

BOUILLISSEURS
continus et automatiques

MACÉRATEURS
méthodiques et continus

THERMO-COMPRESSEURS

permettant l'APPLICATION DE LA COMPRESSION DE LA VAPEUR A L'ÉVAPORATION

ÉCONOMIE

SUR TOUTES INSTALLATIONS EXISTANTES

PROCÉDÉS

PRACHE & BOUILLON

(Brevetés en FRANCE et à l'ÉTRANGER)

APPLICATIONS DANS TOUTES LES INDUSTRIES

NOMBREUSES RÉFÉRENCES

Filiales { **ALLEMAGNE** **ITALIE**

Renseignements, Projets et Devis sur Demande.

Société d'Exploitation de
PROCÉDÉS ÉVAPORATOIRES
Système **PRACHE & BOUILLON**
14, rue de Rome — PARIS

Téléphone : **LOUVRE 17.80**
Télégrammes : **PRAÉBOU-PARIS**

Pb. 2932-4 — 6-13

Pâtes de bois (à papier).
Prix Cif Rouen aux 100 kilos.

	1er Août	6 septembre	Unité monétaire
Pâtes mécaniques humides.................... les 100 k.	..11,50 à 12,50	..11,50 à 12,50	francs.
— — sèches.................... —	..12,50 à 13,50	..12,50 à 13,50	»
Pâtes chimiques bisulfite.................... —	..23,00 à 31,00	..23,00 à 31,00	»
— — à la soude.................... —	..19,50 à 30,00	..19,50 à 30,00	»

Cours des Sucres et Alcools.

	1er Août	6 septembre	Unité monétaire
Sucres roux disponibles, entrepôt Paris... les 100 kg.	 26,00	..27,00 à 27,50	francs.
Sucres bruts blancs, n° 3, entrepôt Paris esc. 1/4 % (en disponible).............. —	..29,00 à 29,25	..30,50 à 30,75	»
Sucres raffinés, en pains (1).............. —	....61 à 61,50	..62,00 à 62,50	»
Alcool, nu, 90° (2), entrepôt à Paris esc. 2 % (en disponible).................. l'hectolitre	 40,50	..41,75 à 42,00	»

(1) Non compris la taxe de 2 fr., mais droits acquittés.
(2) Non compris la taxe de 2 fr. 26.

Cuirs, Peaux, Déchets.
Paris, cuirs de boucherie.

	1er Août	6 septembre	Unité monétaire
Gros bœufs.................... les 50 kg.	..74,85 à 77,25	80,00	francs.
Moyens bœufs.................... —	..76,25 à 77,50	..77,00 à 79,00	»
Petits .... —	 78,34	82,50	»
Vaches lourdes.................... —	 78,25	80,75	»
— légères.................... —	 80,00	83,50	»
Taureaux, tous poids.................... —	..66,50 à 67,50	..71,25 à 71,75	»
Veaux extra.................... —	 98,00	102,75	»
— moyens .... —	114,65	122,00	»
— légers.................... —	132,80	138,00	»
Peaux de mouton français, rasons.... —	 46,50	57,85	»
— en laine....... —	 46,50	70,25	»

Marché du Havre (à l'acquitté).

	1er Août	6 septembre	Unité monétaire
Bœufs saladeros Montevideo.............. les 50 kg.	...117 à 122,00	...118 à 122,00	»
— Plata, secs 1re.................... —	...175 à 180,00	...175 à 180,00	»
— Rio-Grande, secs.................... —	...160 à 175,00	...160 à 175,00	»
— Bolivie, secs.................... —	...168 à 175,00	...168 à 177,00	»
— Lima, salés....................	.101,50 à 105,00	..102 à 106,00	»

Marché de Marseille.

	1er Août	6 septembre	Unité monétaire
Bœufs Maroc, salés secs.................... les 50 kg.	...105 à 115,00	...105 à 115,00	»
— Algérie, salés secs.................... —	...120 à 140,00	...120 à 140,00	»
— Tunisie, salés verts.................... —	....75 à 100,00	....75 à 100,00	»
— Madagascar, salés secs.................... —	...110 à 115,00	...110 à 115,00	»

S^{TÉ} A^{ME} WESTINGHOUSE

Capital : 14 Millions de Francs

Siège social : *7, Rue de Berlin — PARIS*

— USINES —
Le Havre : : : : : : :
Sevran (S.-&-O.) : :
Manchester : : : : : :
Pittsburgh : : : : : : :

TRACTION par courant continu 750 - 1.500 volts.

TRACTION par courant alternatif monophasé.

TRACTION par courant alternatif triphasé.

Les nouvelles locomotives électriques à courant triphasé 3.000 volts, 16-2/3 périodes, destinées aux chemins de fer de l'État Italien, permettront de réaliser un effort de **6 tonnes** au crochet à **100 kilomètres** à l'heure.

Le poids total de ces locomotives est seulement de **65 tonnes**.

Train Électrique monophasé.

POUR TOUS RENSEIGNEMENTS, S'ADRESSER A :

Société WESTINGHOUSE (Département de traction)

7, Rue de Berlin — PARIS

Pb. 1958-2 — 3-13

Voir à la fin des pages vertes le chapitre des " Nouveaux Catalogues du Mois ".

LES NOUVEAUX LIVRES

Voir le bulletin de commande, page A-576.

LE CHAUFFAGE ÉCONOMIQUE DE L'HABITATION, par l'Institut Scientifique et Industriel. Gr. in-8º, 90 pages, 72 figures. — *Librairie du M. S. I.*, 8 et 10, rue Nouvelle, à Paris. . . . . **2 fr. 75 c.**

Le problème du chauffage et de la ventilation est un de ceux qui nous touchent le plus.

Le chauffage des locaux habités étant indispensable en hiver, dans nos climats, il importe de le réaliser de la manière la plus hygiénique et la plus économique, en tenant compte de la disposition et de la destination des différentes pièces de l'habitation ou de l'atelier.

Lorsqu'on veut chauffer un local neuf, on a le choix entre divers systèmes entre lesquels on hésite souvent à se prononcer. Lorsqu'une habitation possède une installation qui ne donne pas entièrement satisfaction, on peut se demander s'il n'y a pas possibilité de transformation ou d'amélioration.

Il en est de même pour la ventilation.

On a donc à résoudre des problèmes qui exigent la connaissance des caractéristiques des différents systèmes qui ont été proposés comme solution, de leurs avantages et de leurs inconvénients.

Cet ouvrage est destiné précisément à donner ces indications. Son but est de permettre à chacun soit de choisir, entre différents systèmes, celui qui s'adaptera le mieux à son cas particulier, soit de déterminer les modifications à faire subir à ses appareils pour en améliorer le fonctionnement ou le rendement.

TABLE DES MATIÈRES. — Conditions d'un bon chauffage; les combustibles. Les cheminées. — Poêles ordinaires à feu continu. Conditions de tirage de cheminée. — Les poêles. — Chauffage au gaz, au pétrole, à l'alcool. — Chauffage électrique. — Calorifères à air chaud; à eau chaude. — Radiateurs. Chaudières chauffées au gaz. — Chauffage par la vapeur.

Comparaison des divers systèmes de chauffage; réglage automatique de la température. — Dispositions particulières au chauffage des usines et des ateliers. — Ventilation. — La réfrigération des locaux habités. — Calcul d'une installation de chauffage central.

LA SOUDURE AUTOGÈNE, par l'Institut Scientifique et Industriel. Gr. in-8º, 110 pages, nombreuses figures. — *Librairie du M. S. I.*, 8 et 10, rue Nouvelle, Paris. **2 fr. 75 c.**

La soudure autogène est à l'ordre du jour. Elle tend, dans des circonstances toujours plus nombreuses, à remplacer la rivure. Elle a transformé complètement l'art de la réparation et, de ce chef, a fait économiser bien de temps et d'argent.

Mais de nombreux procédés sont en présence. Comment faire son choix, comment utiliser les appareils de la façon la plus sûre et la plus économique; c'est un problème que, jusqu'ici seuls les spécialistes pouvaient aborder.

Après un exposé succinct des principes, cet ouvrage indique d'une façon claire, concise et surtout impartiale, les avantages et les inconvénients des différents procédés; il donne les indications pratiques de manœuvre et de prix, toujours difficiles à rechercher.

Soudure à la forge, soudure oxydrique, soudure acétylénique, électrique, aluminothermique, sont décrites successivement, et chaque fois il est dit pour quel travail elles conviennent le mieux. Un chapitre est réservé au découpage.

Comme la soudure autogène touche toutes les branches de l'industrie, pour la fabrication ou la réparation, l'ouvrage sera lu avec fruit par tous ceux qui veulent se documenter clairement et sûrement sur ses applications.

(Voir la suite page A-572.)

C^{IE} ÉLECTRO-MÉCANIQUE

LE BOURGET (Seine)

Bureaux de Vente à Paris, *94, rue Saint-Lazare*
Agences à *Bordeaux, Lille, Lyon, Marseille, Nancy*

Compagnie du gaz de Lyon. Groupe transformateur de 1.800 HP.
500 tours (triphasé 10.000 volts, continu 240/320 volts).

TURBINES A VAPEUR *BROWN, BOVERI-PARSONS*

pour la **Commande de Génératrices électriques, des Pompes,
des Compresseurs, des Ventilateurs ;**
pour la **Propulsion des Navires.**

MATÉRIEL ÉLECTRIQUE *BROWN, BOVERI & Cie*

Moteurs monophasés à vitesse variable ; spéciaux à l'Industrie textile et aux Mines.
Moteurs hermétiques pour Pompes de fonçage.
Commande électrique de Laminoirs et de Machines d'extraction.
Éclairage électrique des Wagons.
Transformateurs et Appareils à très haute tension, etc.

Signaler le M. S. I. en écrivant pour obtenir les Catalogues.

La France au travail (*Bordeaux, Toulouse, Montpellier, Marseille, Nice*), par V. CAMBON, 1 vol. 14 × 21, 254 pages, 20 planches hors texte et 1 carte. Broché. .... **4 fr.**

La région méridionale; Bordeaux et ses vins; le pays landais; Toulouse et la vallée de la Garonne; les Pyrénées, les Cévennes et les Causses; au pays du vin; le Bas-Rhône; le fleuve, les rives; les chaux et ciments du Teil; Marseille; le Var et l'aluminium, la Riviera, les cultures de la Riviera, Pronostics.

Ce volume appartient à la série des PAYS MODERNES, monographies économiques, industrielles, agricoles et commerciales d'intérêt pratique, dont voici les volumes précédents :

France au travail (*Le Sud-Est*) ;

France au travail (*En suivant les côtes, de Dunkerque à Saint-Nazaire*) ;

L'Amérique au travail ;

L'Allemagne au travail ;

La Belgique au travail ;

Aux pays Balkaniques (*Monténégro, Serbie, Bulgarie*) ;

Au pays de l'or et des diamants (*Cap, Natal, Orange, Transvaal, Rhodésie*) ;

La Russie et ses richesses ;

L'Argentine moderne ;

Le Mexique moderne ;

Le Canada, empire des bois et des blés ;

L'Australie, comment se fait une nation ;

La Chine moderne ;

Les cinq Républiques de l'Amérique centrale.

Chaque volume : **4 fr.**

Juris-Classeur commercial (1). — **TRAITÉ DES SOCIÉTÉS**, par A. NAST, rédacteur en chef. Tomes I et II, 2 vol. 21 × 29, 1.300 pages. Chaque volume pris isolément, **30 fr.** Abonnement de mise à jour, par an.................. **5 fr.**

I. Tables méthodique et chronologique des textes du Code des Sociétés; — II. Définition de la société, contrat de Société; consentement, capacité, apports; bénéfices et pertes; distinction entre la société et les autres contrats.

Le Traité des sociétés est composé d'un Code des sociétés et du *traité* proprement dit qui constitue le commentaire du Code. Imprimé sur fascicules interchangeables progressivement refondus et réimprimés, ce traité est toujours mis au courant de la *loi*, de la *doctrine* et de la *jurisprudence*. L'abonné à la mise au courant de l'ouvrage reçoit les fascicules de remplacement et les substitue dans son exemplaire aux anciens fascicules.

(1) Voir renseignements d'ensemble sur les juris-classeurs, page A-602. Envoi de notices et spécimen contre 0 fr. 50 pour frais de port.

La direction des ateliers, par W. TAYLOR, 1 vol. 16 × 25, 190 pages. Broché.................... **6 fr.**

Direction des ateliers; la flânerie et ses inconvénients; étude scientifique et précise du temps; l'idée du travail à la tâche dans la direction des ateliers; exemples de résultats pratiques obtenus par l'application à la direction de l'idée de la tâche; réglementation; service de répartition du travail; phases du passage du système ordinaire au meilleur système de direction; notes sur les courroies : résumé des conclusions à tirer de ce mémoire; pourquoi les industriels n'apprécient pas les diplômés.

Notes sur les pompes rotatives, par J. GODFROID, 1 vol. 21 × 27, 40 pages, 74 figures. Broché.................................... **5 fr.**

Notions générales; rendement mécanique des pompes rotatives; frottement dans les conduites; résistance des coudes; commande des pompes rotatives; classification; pompes rotatives à 1 axe, à 2 axes; pompes de la firme Siemens-Schuckert; pompe Albany; pompes à 3 axes.

Cours d'hygiène générale et industrielle, par A. BATAILLER, 1 vol. 13 × 20, 382 pages, 148 figures. Cartonné.................... **5 fr.**

Fonctions de nutrition, de relation; hygiène de l'alimentation, du vêtement, de l'habitation, de l'exercice; maladies contagieuses; causes d'insalubrité et de danger des établissements industriels; hygiène et sécurité du travail; accidents du travail.

Nouveau guide pratique de l'usager d'acétylène, par GRANJON et ROSEMBERG, 1 vol. 13 × 18, 256 pages, 192 figures. Cart. **1 fr. 50 c.**

L'acétylène et ses applications; carbure de calcium; appareils à acétylène; épuration; canalisations; régulateurs de pression, compteurs; robinetterie et appareillage; becs à flamme libre, à incandescence; manchons à incandescence; allumage des becs; cristallerie et verrerie; réglementation, assurance, jurisprudence; applications diverses du carbure de calcium et de l'acétylène.

L'anatomie de la voiture automobile (Tome I), par F. CARLÈS, 1 vol. 19 × 28, 211 pages, 236 figures. Broché, **15 fr.**; cartonné.............. **17 fr.**

Le châssis; la direction; la suspension; la transmission; les roues.

Cours élémentaire de machines marines, par E. OUDOT, 1 vol. 14 × 21, 204 pages, 132 figures. Broché, **4 fr. 50 c.**; cartonné........ **5 fr. 50 c.**

Description; conduite; entretien des chaudières et des machines; avaries et réparations; moteur à combustion interne.

La loi atomique des 24 cubes, par DELAUNEY, 1 vol. 16 × 25, 50 pages. Broché.............. **2 fr.**

La filiation des corps simples; le principe de la structure atomique; la décomposition des corps primitifs; le volume de l'atome; sur la faculté des nombres entiers de pouvoir être représentés par des différences de deux carrés d'entiers.

NOTIONS ÉLÉMENTAIRES ET PRATIQUES DE T. S. F. A L'USAGE DES PERSONNES VOULANT RECEVOIR LES SIGNAUX HORAIRES ET LES DÉPÊCHES MÉTÉOROLOGIQUES DE LA TOUR EIFFEL, par E. BAUDRAN, in-8 14 × 21, 106 pages, 79 figures. Broché... **2 fr. 50**

Considérations sur quelques phénomènes électriques. Oscillations électriques. Ondes hertziennes. T. S. F. Réception des signaux.

Carnet d'enregistrement des dépêches météorologiques transmises par télégraphie sans fils, *avec instructions pratiques pour la lecture et la traduction de ces dépêches*, 17 × 22, 90 pages.............................. **1 fr.**

Leçons modernes d'électricité (*moderne Elektrizitätslehre*), par Norman R. CAMPBELL, in-8° 16 × 23, 423 pages. Broché, **18 fr. 50 c.**; cartonné.............................. **20 fr. 50 c.**

Théorie des électrons : Propriétés de l'électricité; théories de Faraday, de Maxwell, différence entre le nouvel et l'ancien enseignement; les isolants, conducteurs et isolants; la dispersion; théorie de Lorentz; conducteurs électrolytiques et métalliques; l'effet Pelter, Thomson, Hall; conductivité électrique dans les gaz; vitesse des ions; rayons cathodiques; susceptibilité magnétique; magnétisme induit, énergie magnétique; magnéto-optique; effet Faraday, Kerr, Zeemann.

Le rayonnement : Sa nature, l'absorption. Substances radioactives; les rayons α, β, γ; théorie de la radioactivité; la lumière, lumière éthérogène, spectre, phosphorescence; rayonnement intégral et structure de la lumière; rayons Röngten et rayons γ.

Électricité et matière : Propriété de la matière, structure de l'atome, propriétés du système en mouvement dynamique. Supplément : l'aether, l'aberration — (*en allemand*).

Le répertoire métallurgique français, 1 vol. 15 × 24, 750 pages. Cartonné.................. **10 fr.**

Annuaire général des industries et du commerce métallurgiques français pour 1913.

Fabrication de l'acier, par H. NOBLE, 1 vol. 16 × 25, 632 pages, 86 figures. Broché, **25 fr.**; cartonné.................................. **26 fr. 50 c.**

Propriétés générales des aciers; étude théorique de la conversion; étude pratique; recarburation; coulée en poche; garnissages basiques; machines soufflantes; étude théorique de l'affinage sur sole; étude pratique; chauffage des fours Martin; construction; entretien; procédés mixtes; lingots d'acier; coulée en lingotières; poches et appareils de coulée; personnel; comptabilité.

(Voir la suite page A-574.)

Le « pour-cent atomique » et le « pour-cent en poids » (*Atomprozente und Geiwichtsprozente*), par Fritz HOFFMANN, brochure 19 × 28, 20 pages, 18 figures et 2 planches hors texte dont une en couleurs...................................... **2 fr. 75 c.**

> Méthodes de conversions respectives des poids atomiques des « pour-cent en poids »; conversion par voie de calcul, par voie mixte (calcul et graphique); méthode par réseau; conversion par voie graphique pure (méthode des projections); conclusions (*en allemand*).

***Traité complet d'analyse chimique appliquée aux essais industriels**, par J. POST et NEUMANN, avec la collaboration de nombreux chimistes et spécialistes. (*2e édition française entièrement refondue, traduite d'après la 3e édition allemande et considérablement augmentée.*)

> Tome I, 1er *fascicule:* Eau; combustibles, pyrométrie; gaz (de fumées, de moteurs, de chauffage, des mines). 217 pages, 104 figures...................... **7 fr.**

> Tome I, 2e *fascicule :* Gaz d'éclairage; acétylène; huiles combustibles et de graissage; glycérine, bougies, savons. 345 pages, 109 figures .... **10 fr.**

> Tome I, 3e *fascicule :* Métaux. 304 pages, 45 figures....................................... **9 fr.**

> Tome I, 4e *fascicule :* Sels métalliques; métallographie microscopique; acides inorganiques; soude; potasse; brome; chlore; sulfure de sodium; hyposulfite de soude; alumine; analyse spectrale. 500 pages, 311 figures .... **18 fr.**

> Tome II, 1er *fascicule :* Chaux; mortiers et ciments; plâtre; produits céramiques; verre et glaçures. 200 pages 99 figures .... **6 fr. 50 c.**

> Tome II, 2e *fascicule :* Sucre; amidon et fécule; dextrine; glucose; documents officiels sur les produits alimentaires sucrés. 300 pages, 120 figures .... **8 fr.**

> Tome II, 3e *fascicule :* Bière; vins; cidre et poiré; alcool et levure pressée; vinaigre; acide acétique; acétates; esprit de bois. 420 pages, 85 figures......... **13 fr.**

> Tome III, 1er *fascicule :* Engrais commerciaux; amendements et fumiers; terre arable et produits agricoles; air; huiles essentielles; cuirs et matières tannantes; colle; tabac; caoutchouc et gutta-percha; matières explosives et allumettes. 468 pages, 60 figures. **15 fr.**

> Tome III, 2e *fascicule :* Goudron de houille; matières colorantes. 704 pages, 8 figures .... **15 fr.**

Voir le bulletin de commande page A-576

BREVETS FRANÇAIS RÉCENTS

LIVRABLES PAR RETOUR DU COURRIER

(2 francs chacun, 3 fr. 75 les 2, 6 fr. 50 les 4.)

Force motrice.

B. 2192. — Dispositif de régulation pour moteurs à combustion interne (*Legras*).

B. 2193. — Perfectionnements aux carburateurs particulièrement applicables aux moteurs à combustion interne pour automobiles et autres applications (*Stromberg Motor Devices*).

B. 2194 et *bis.*— Dispositif d'injection de combustible pour moteurs à combustion interne (*Pasel*). [2 brevets].

B. 2195. — Bougie d'allumage à électrodes fixes pour moteurs à explosions (*Lindenmann*).

B. 2196. — Perfectionnement dans les moteurs à explosion par réglage d'évacuation des gaz, dans le but d'améliorer leur rendement et d'augmenter leur souplesse (*Seillière*).

Mécanique (outillage)

B. 2197. — Appareil de changement de vitesse à progression ou à réduction infinitésimale par treuils extensibles commandés par plateaux spirales (*Riffard*).

B. 2198. — Perfectionnements apportés aux courroies de commande (*Gray*).

B. 2199. — Dispositif de changement de vitesse (*Foster*).

B. 2200. — Perfectionnements apportés à la fabrication des limes (*Wakfer*).

B. 2201. — Cisaille à levier à engrenages pour couper les feuilles de tôle sans les cintrer (*Péhu*).

B. 2202. — Perfectionnements à la fabrication des engrenages trempés (*The Parker transmission*).

B. 2203. — Machine universelle à travailler le bois (*Guillet fils et Cie*).

B. 2204. — Perfectionnements aux machines à raboter et similaires mues électriquement (*Vickers Limited and Williamson*).

B. 2204. — Benne preneuse automatique (*Maschinenbau Aktiengesellschaft Tigler*).

B. 2205. — Treuil électrique (*Lombard*).

Électricité.

B. 2206. — Transformateur à bain d'huile (*Société Alsacienne de Constructions mécaniques*).

B. 2207. — Connexion à fiche imperméable pour câbles à âmes multiples (*Siemens und Halske Aktiengesellschaft*).

B. 2208. — Interrupteur thermique automatique pour installations électriques d'éclairage et de force motrice (*Tasso*).

B. 2209. — Système de protection des installations électriques contre les surtensions (*Lanhoffer*).

B. 2210. — Procédé pour augmenter et assurer la conductibilité des joints électriques (*Société de Métallisation*).

B. 2211. — Compteur de nombre d'étincelles (*Guardeau*).

B. 2212. — Nouveaux rotors à très grande vitesse angulaire (*Westinghouse-Leblanc*).

B. 2213. — Perfectionnements aux commutateurs pour lampes électriques (*Hoppock et S.*).

B. 2214. — Électromètre à spiral (*Szillard*).

B. 2215. — Dispositif permettant d'effectuer la décharge des surtensions qui peuvent se produire dans les lignes électriques (*Déstéfani*).

B. 2216. — Appareil de réglage électrique pour circuits de travail et autres (*J. B. M. Electric Co*).

B. 2217. — Perfectionnements dans la production de radiations lumineuses ou autres (*Hoffman*).

B. 2218. — Lampe électrique à incandescence anodique (*Caubel*).

B. 2219. — Mode de montage des filaments des lampes électriques à incandescence évitant l'extinction complète de la lampe dans le cas d'une rupture du filament (*Valensi*).

B. 2220. — Antenne destinée aux postes radio-télégraphiques munis d'alternateurs à haute fréquence (*Girardeau*).

B. 2221. — Dispositif pour transférer l'énergie électrique d'un oscillateur électrique à un autre oscillateur au moyen d'excitation produite par la décharge (*Société Jacoviello et Jacoviello*).

B. 2222. — Appareil à transformer en mots de télégramme les nombres de code télégraphiques avec système de contrôle (*Woigtsberger, West*).

Construction.

B. 2223. — Pierre artificielle mosaïquée et son procédé de fabrication (*Daeschler et Cie*).

B. 2224. — Machine à boucharder la pierre (*Moreau*).

B. 2225. — Matériel de construction aérifiée (*Société française l'Ondolium*).

B. 2226. — Carreaux de plâtre pour la confection et le revêtement des plafonds et des murs (*Rhenania Bauindustrie*).

B. 2227. — Machine perfectionnée pour le moulage de la porcelaine (*Rouchaud*).

B. 2228. — Coffrage pour le moulage des murs en béton (*Cargill*).

B. 2229. — Procédé de fabrication de briques et autres produits réfractaires cimentés au moyen du spinelle (*Mankau*).

B. 2230. — Procédé perfectionné pour la fabrication des dalles en ciment (*Oberleithner*).

B. 2231. — Procédé de congélation des sables boulants par le bras, pour le creusement des puits de mines (*Coppée*).

B. 2232. — Procédé pour la fabrication de pierres artificielles (*Deutsche Konit Gesellschaft*).

RÉDUCTEUR DE VITESSE
par vis sans fin globique et roue à rouleaux

RENDEMENT ATTEIGNANT 95 %

Une Attestation !

ESSAIS D'UN RÉDUCTEUR DE VITESSE

L'an mil neuf cent dix, le huit septembre, je soussigné VIARD, Ingénieur de la Manufacture d'Allumettes de Saintines, ai procédé aux essais d'un réducteur de vitesse type G R III a, livré par MM. Glaenzer et Cⁱᵉ, en exécution de leur marché approuvé par décision ministérielle du 14 mai 1910.

L'appareil a été livré en Manufacture le 9 août dernier; aucun délai ni pénalité pour retard à la livraison n'étaient stipulés au marché.

L'appareil a été, par les soins de la Manufacture, accouplé avec un moteur A II de Creil, acheté en 1903, et équipé d'un frein de Prony équilibré. Après quelques essais préparatoires destinés à la mise au point et au rodage des divers organes, les essais ont commencé aujourd'hui à 10 heures du matin et se sont terminés à 3 heures du soir. MM. Glaenzer et Cⁱᵉ, dûment avertis, ne s'étaient pas fait représenter, déclarant s'en rapporter aux résultats de notre essai.

J'ai mesuré à plusieurs reprises la vitesse du moteur, et relevé, au moyen des appareils de contrôle de la Manufacture, la puissance électrique absorbée. D'autre part la résistance appliquée au frein était fournie par une bascule romaine en bon état et récemment revue.

D'après trois expériences concordantes le voltage étant de 115 volts, l'ampérage de 114 ampères. La puissance mécanique sur l'arbre du moteur tournant à 1.036 tours par minute, celui-ci ayant un rendement de 0,870 est de :

$$\frac{115 \times 114}{736} \times 0,870 = 15 \text{ ch. } 497.$$

D'autre part la résistance appliquée au frein étant de 40 kilogr., le bras du levier de 2 mètres, la vitesse de l'arbre lent de $\frac{1.036}{8} = 129,5$ tours par minute, la puissance restituée par le réducteur, d'après la formule connue, est de :

$$\frac{40 \times 2\pi \times 2 \times 129,5}{60 \times 75} = 14 \text{ ch. } 465.$$

Le rendement organique de l'appareil ressort donc à :

$$100 \times \frac{14.465}{15.497} = 93,341 \,°/_{\circ}$$

alors que le marché garantissait qu'il ne serait pas inférieur à 90 °/₀.

Ayant relevé à l'arrêt les températures des différentes parties, au moyen de thermomètres à mercure, nous avons trouvé :

		Excès sur la température ambiante
Butée de la vis côté moteur	49°,5	31,5
Butée de la vis côté opposé	41	23
Masse du carter	48,5	30,5
Température ambiante	18	»

Ces échauffements sont bien inférieurs au chiffre de 50° prévu au marché, après une marche de 5 heures. Le fonctionnement est pratiquement silencieux.

En conséquence, je constate que MM. Glaenzer et Cⁱᵉ ont rempli leurs engagements tant au point de vue du rendement qu'à celui du fonctionnement de l'appareil livré par eux et je déclare prononcer la réception de ce réducteur de vitesse pour le compte de l'Administration.

Signé : VIARD.

DEMANDEZ NOTRE CATALOGUE N° M 4

GLAENZER & Cᵒ
35, boulevard de Strasbourg, 35
— PARIS —

Signaler le M. S. I. en écrivant.

Produits chimiques.

B. **2233.** — Procédé pour augmenter la stabilité à l'air du carbure de calcium finement divisé (*Morani*).

B. **2234.** — Procédé pour l'utilisation des déchets de fabrication du carbure de calcium (*Societa Italiana per il Carburo di Calcio*).

B. **2235.** — Procédé pour obtenir de la baryte poreuse et à pourcentage élevé à l'aide du carbonate de baryum (*Chemische Fabrik Coswig Anhalt*).

B. **2236.** — Procédé pour la fabrication de composés d'aluminium de carbone et d'azote (*Peacock*).

B. **2237.** — Perfectionnements à la fabrication de l'acide sulfurique (*Parent*).

B. **2238.** — Procédé pour fabriquer de l'acide chlorhydrique et du silico-aluminate alcalin (*Cowles*).

B. **2239.** — Mélange pour la production d'acide chlorhydrique et de silico-albuminate alcalin (*Cowles*).

B **2240.** — Procédé de fabrication de nitrure d'aluminium (*Société des Nitrures*).

B. **2241.** — Ozogène (*de Mare*).

B. **2242.** — Procédé d'obtention de cyanogène en partant de gaz provenant des vinasses ou analogues (*Deutsche Gold und Silber Scheide Anstald*).

B. **2243.** — Procédé pour la séparation de l'hydrogène sulfuré des gaz (*Burkheiser*).

Céramique et verre.

B. **2244.** — Procédé et machine pour le moulage de pièces de verre (*Salmon*).

B. **2245.** — Appareil pour mesurer les charges de verre et les déverser dans des moules de paraison de machines à fabriquer les bouteilles (*Simpson*).

B. **2246.** — Plaques de laminage en deux parties pour laminer les plaques de verre et autres (*Offenbacher*).

B. **2247.** — Procédé pour la production d'enduits par la projection de verre fondu, de métal et d'autres matières fusibles (*Société de Métallisation*).

B. **2248.** — Procédé pour la calcination de matières utilisables pour la fabrication de mortiers (*Staszewski*).

B. **2249.** — Dent en porcelaine interchangeable avec plaque en métal (*Schon*).

B. **2250.** — Appareil pour l'irisage automatique et continu des surfaces des bulles de verre employées dans la fabrication des perles (*Leuret*)

P. **2251.** — Installation de fours à cuire le ciment (*Trackser*).

P. **2252.** — Appareil à couper ou tronçonner les briques (*Heidrich*).

Librairie du M. S. I.   *Septembre 1913*

BULLETIN de COMMANDE à envoyer 8, rue Nouvelle, PARIS-9e

Ajouter les frais d'affranchissement

	Port	Prix		Port	Prix
			Report		
*La Soudure Autogène	—	2 75	Le répertoire métallurgique français	o 50	10 »
*Chauffage économique de l'habitation	—	2 75	Fabrication de l'acier	—	25 »
La France au Travail	—	4 »	Le « pour-cent atomique » et le « pour-cent en poids »	o 25	2 75
Juris-classeur commercial; Traité des Sociétés (2 vol.)	—	60 »	*Traité complet d'analyse chimique appliquée aux essais industriels	—	—
La direction des ateliers	—	6 »			
Notes sur les pompes rotatives	—	5 »			
Cours d'hygiène générale et industrielle	—	5 »			
Nouveau guide pratique de l'usager d'acétylène.	o 25	1 50			
L'anatomie de la voiture automobile	o 25	15 »	Brevets français récents, nos		
Cours élémentaire de machines marines	o 25	4 50			
La loi atomique des 24 cubes	—	2 »			
Notions élémentaires et pratiques de T. S. F	—	—			
Leçons modernes d'électricité	—	18 50			
A reporter			TOTAL (mandat ou chèque). .		

Nom et adresse du souscripteur :

Un bon-prime de l'abonnement du M. S. I. est accepté sur chaque unité.

Ouvrages Recommandés

Nous indiquons ici des ouvrages dont nous avons pu apprécier l'intérêt réellement pratique pour nos lecteurs. Nos dispositions sont prises pour pouvoir les expédier par retour du courrier.

(Les Bons-primes ne sont pas acceptés.)

I — Psychologie industrielle — Organisation

Traité pratique de publicité commerciale et industrielle (Hémet). In-8°, 16×25, 454 pages, 189 fig., relié, **15** fr.; broché . . . . **13** fr.
Principes généraux, théorie de la publicité. Périodes. Le besoin (offre et demande). Économie de la publicité. Étude pratique, détaillée des divers moyens de publicité : journaux quotidiens et périodiques, affiches, imprimés, etc.

Comment organiser les usines et entreprises pour réaliser des bénéfices (C.-U. Carpenter). In-8°, 13×19, 256 pages, relié. — *Franco de port* . . . . **8** fr.
« *Les méthodes préconisées par l'auteur ont été appliquées par lui dans plusieurs usines et elles ont été invariablement couronnées d'un plein succès.* » (Avant-propos du traducteur.) — Quelques chapitres : Réorganisation d'une entreprise qui décline. — Commissions de consultation du personnel : rapports et comptes rendus. — L'atelier d'outillage, cœur de l'usine. — Réduction de la durée des diverses opérations. — Les aciers à grande vitesse. — Modes de salaire. — Organisation moderne d'un service commercial et de vente.

Organisation et direction des Usines, d'après le livre allemand intitulé *Der Fabrikbetrieb* de Albert Ballewski, par André Mayer. In-8, 25×16, de VI-220 pages, avec 5 figures ; broché . . . . **8** fr.
Guide pratique pour l'organisation et la direction des fabriques de machines et industries semblables, ainsi que pour le calcul du prix de revient et le décompte de la paie.

L'Œuvre de l'Ingénieur social (W.-H. Tolman). Préfaces d'André Carnegie et de Levavasseur. In-8, 16×25, 321 pages, 50 phot., relié amateur, **11** fr. ; broché. — *Franco de port* . . . **7** fr.
Sommaire : Augmentation du rendement. — Hygiène et confort. — Institutions mutualistes et patronales : chômage, accidents, maladie, vieillesse... — Formes modernes du salaire. — Instruction; récréation. — Amélioration industrielle. — Organes de direction... — Une enquête auprès des intéressés.

L'Allemagne au travail (V. Cambon). In-8 écu, 270 p., 18 pl., broché. — *Fr. de port* . . **4** fr. **40**
Les origines. — L'instruction professionnelle. — Psychologie de l'industriel allemand. — Au pays du fer. — Leipzig. — Karl Zeiss. — Sels de potasse de Stassfurt. — L'agriculture. — Berlin. — Les matières colorantes. — Les services publics. — Patrons et ouvriers. — L'avenir est sur l'eau : Hambourg. — Quel avenir?

L'Amérique au travail (J.-F. Fraser). In-8 écu, 245 pages, 32 illustrations hors texte, broché. — *Franco de port* . . . . **4** fr. **40**
Examen des méthodes générales des grands établissements américains auxquelles il faut attribuer leur essor. Lutte pour la suprématie industrielle contre l'Angleterre. — Les grands magasins. — Comment se font les affaires à Chicago. — La fabrication mécanique des chaussures. — Construction des machines électriques. — Tableaux de la vie industrielle à Pittsburg. — Industries des viandes de conserve. — La vie commerciale.

Méthodes modernes d'Établissement des salaires (conférence) (Paul Renaud). 1 brochure . . . . **1** fr.

La Documentation dans l'Industrie (conférence) (Paul Renaud). 1 brochure . . . . . . **1** fr.

L'Art de faire des affaires par lettre et par annonce (S. Cody, traduit et adapté par Chambonnaud). In-16, 13×20, 290 pages, cartonné. — *Franco de port* . . . . **4** fr. **75**
Méthode scientifique appliquée à la correspondance et à la publicité.

Comment choisir, nommer, surveiller vos agents de vente, par A. Jourdain. In-8, 14×20, 320 pages. — *Franco de port* . . . . **4** fr.

Comment se conduire dans la vie (Dr Toulouse). 1 vol. in-16, broché. . . . . **3** fr. **50**
Il y a dans la vie une foule de difficultés que l'éducation de la famille ni de l'école n'a pu prévoir, et en présence desquelles l'adulte est désarmé; il trouvera dans ces circonstances un guide intelligent et sûr dans ce livre; mais ce conseiller est mieux encore : un manuel d'énergie et d'hygiène de la volonté. — I. La vie publique. II. La vie privée. III. La vie personnelle.

L'Attitude qui en impose et comment l'acquérir. 316 pages, 21 figures (73ᵉ mille). — *Franco de port* . . . . **7** fr. **30**

Comment devenir énergique. Introduction complète à l'éducation personnelle pour acquérir énergie et activité, 279 pages (2ᵉ édition). — *Franco de port* . . . . **7** fr. **30**

II — Comptabilité

BIBLIOTHÈQUE ENCYCLOPÉDIQUE DES SCIENCES COMMERCIALES
Publiée sous la direction de M. Louis Daubresse.

BUT. — *Concentrer,* dans des monographies classées méthodiquement, l'ensemble des matières composant le *domaine des sciences commerciales.* — La Bibliothèque donne une suite de traités concis, quoique complets, orientés dans un sens essentiellement pratique.

A) *Science comptable.*

I. Organisation Comptable. 1 vol. 19×28, 100 pages. — *Franco de port* . . . . . . **2** fr. **25**
Rôle de la science comptable. — Comptabilité en partie double. — Ouverture des comptes. — Étude des comptes, leur clôture. — Passation des écritures. — Comptabilité rationnelle. — Application.

(Voir suite au verso.)

II. Comptabilité des sociétés. 1 vol. 19 × 28, 90 pages. — *Franco de port* . . . . . **2 fr. 25**

Comptabilité des sociétés anonymes. — Ouverture des comptes. — Apports. — Actions. — Actionnaires. — Versements anticipatifs. — Appel de fonds. — Comptabilité de titres. — Amortissement du capital social. — Des emprunts, obligations. — Paiement des intérêts. — Formule et table d'amortissement. — Liquidation des sociétés.

III. Du Bilan et de l'Inventaire. 1 vol. 19 × 28, 100 pages. — *Franco de port* . . . . **2 fr. 25**

Du bilan. — Principes comptables relatifs au bilan et au compte Profits et pertes. — Inventaire. — Amortissements nécessaires. — But et nécessité de l'amortissement. — Comment amortir. — Comment inventorier : cours du jour et prix de revient. — Valeurs à inventorier. — Règles à suivre. — Comptes transitoires, etc... — Nature juridique des opérations. — Qualités essentielles du bilan. — Définition des bénéfices. — Réserves.

IV. Comptabilité industrielle. 1 vol. 19 × 28, 90 pages. — *Franco de port* . . . . . . **2 fr. 25**

Compte magasin et compte fabrication. — Prix de revient. — Immobilisations. — Matières premières. — Salaire ou main-d'œuvre. — Entretien. — Fabrication. — Permanence de l'inventaire. — Classification des comptes. — Organisation, distribution des services. — Système comptable. — Clôture de l'exercice. — Bilan, etc... — Application.

V. Prix de revient industriels. 1 vol. 19 × 28, 70 pages. — *Franco de port* . . . . . . **2 fr. 25**

Établissement d'une industrie. — Considérations relatives au prix de revient. — Du capital dans l'industrie. — Direction et organisation des services. — Facteurs des prix de revient. — Sous-produits et fabrications accessoires etc... — Applications. — Prix de revient spéciaux.

B) *Technique de l'Exportation.*	C) *Banque et Finances.*
I. **Les ventes commerciales.**	I. **Correspondance commerciale.**
II. **Transports maritimes.**	II. **Opérations de banque.**
III. **Assurances maritimes.**	III. **Comptes courants et d'intérêts.**
IV. **Modes de remboursement.**	IV. **Changes et arbitrages.**
V. **Calculs et documents commerciaux.**	V. **Monnaies, cotes des changes.**

Chaque volume **2 fr. 25** (envoi recommandé); par 4 volumes, chacun **2 fr.**

Les **15** volumes (franco pour la France) . . . . **25** fr.

Un volume est adressé à titre d'essai contre la somme de 2 fr. 25 qui sera déduite du montant de la souscription à la collection complète qu'on ne manquera pas d'adresser ensuite.

Principes et Méthodes modernes de Comptabilité. 1 vol. 19 × 28, 110 pages. — *Franco de port* . . . . **2 fr. 25**

A détacher suivant le pointillé.

Septembre 1913 — Service de Librairie du *M. S. I.*

BULLETIN de COMMANDE à envoyer 8, rue Nouvelle, PARIS-9ᵉ

Je soussigné ....

demeurant ....

désire recevoir les ouvrages suivants :

TITRES	PRIX franco de port	Francs
Traité pratique de publicité . . . . (relié 15 fr.)	13 »	
Principes d'organisation scientifique des usines	4 50	
Comment organiser les usines et entreprises pour réaliser des bénéfices	8 »	
Organisation et direction des usines	8 »	
L'Œuvre de l'Ingénieur social	7 »	
L'Allemagne au travail	4 40	
L'Amérique au travail	4 40	
Méthodes modernes d'Établissement des salaires	1 »	
La Documentation dans l'Industrie	1 »	
Comment choisir, nommer, surveiller vos agents de vente	4 »	
L'Art de faire des affaires par lettre et par annonce	4 75	
Comment se conduire dans la vie	3 75	
L'Attitude qui en impose et comment l'acquérir	7 30	
Comment devenir énergique	7 30	
Bibliothèque encyclopédique des Sciences commerciales :		
Science comptable : vol. I, II, III, IV, V . . . . Chacun	2 25	
Technique de l'Exportation : vol. I, II. III, IV, V . . . . —	2 25	
Banque et Finances : vol. I, II, III, IV, V . . . . —	2 25	
La collection des 15 volumes	25 »	
TOTAL		

dont je vous remets ci-inclus le montant en un ....

(Mandat ou chèque.)

Signature :

Date ....